电子技术与智能应用研究

黄冬梅 ◎ 著

中国出版集团

中译出版社

图书在版编目（CIP）数据

电子技术与智能应用研究 / 黄冬梅著. -- 北京：
中译出版社, 2024. 6. -- ISBN 978-7-5001-8009-8

Ⅰ. TN-39

中国国家版本馆CIP数据核字第2024ZH5465号

电子技术与智能应用研究

DIANZI JISHU YU ZHINENG YINGYONG YANJIU

出版发行 / 中译出版社
地　　址 / 北京市西城区新街口外大街28号普天德胜大厦主楼4层
电　　话 /（010）68359827, 68359303（发行部）；68359287（编辑部）
邮　　编 / 100044
传　　真 /（010）68357870
电子邮箱 / book@ctph.com.cn
网　　址 / http://www.ctph.com.cn

策划编辑 / 于建军
责任编辑 / 于建军
封面设计 / 蓝　博

排　　版 / 雅　琪
印　　刷 / 廊坊市文峰档案印务有限公司
经　　销 / 新华书店

规　　格 / 710毫米 × 1000毫米　　1/16
印　　张 / 12.25
字　　数 / 210千字
版　　次 / 2025年1月第1版
印　　次 / 2025年1月第1次

ISBN 978-7-5001-8009-8　　　　　　　　　　定价：78.00元

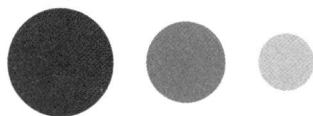

前 言
Preface

　　《电子技术与智能应用研究》是一本旨在探讨电子技术与智能系统交叉领域的专著，着重于深入研究电子元件、电路设计、智能算法、嵌入式系统、物联网、智能传感器、数据采集与处理、智能控制等关键主题。本书旨在帮助读者全面了解这些领域的基础知识和最新发展趋势，探索智能技术在实际中的广泛应用，并展望未来的发展方向。

　　随着科技的不断进步，电子技术和智能系统已经在各个领域得到了广泛应用。传统的电子元件和电路设计已经不能满足日益增长的需求，新型的电子元件如集成电路、微电子器件等的出现，为电子技术的发展带来了新的机遇和挑战。同时，人工智能、机器学习、深度学习等智能算法的不断涌现，使得智能系统在各个领域展现出了强大的应用潜力。

　　本书从电子技术基础开始介绍，包括电子元件与电路、传统电子元件、新型电子元件、电子电路设计与分析、电子系统结构与功能等方面的内容，为读者奠定了扎实的理论基础。随后，本书深入探讨了智能系统的基础知识，包括人工智能基础、机器学习、深度学习、自然语言处理、智能算法与技术等方面，帮助读者了解智能技术的最新进展。

　　在嵌入式系统与物联网方面，本书介绍了嵌入式系统的概述、设计与开发，以及物联网的基础知识和应用案例分析，展示了嵌入式系统和物联网在实际应用中的重要作用。在智能传感器与数据采集方面，本书介绍了传感器技术概述、智能传感器设计与应用、数据采集与处理技术、数据融合与分析等内容，为读者提供了全面了解智能技术在实际应用中的方法和技巧。

在智能控制与自动化方面，本书介绍了控制理论与方法、智能控制系统设计与实现、自动化技术在电子系统中的应用等内容，帮助读者了解智能控制技术在电子系统中的应用。

最后，本书通过智能系统集成与应用案例的介绍，展示了智能系统在各行业的应用与发展趋势，为读者提供了对未来发展方向的展望。通过本书的学习，力求使读者能够全面了解电子技术与智能应用的关系，掌握相关技术的原理和方法，为未来的研究和应用提供有益的参考与指导。

由于作者水平有限，书中疏漏之处在所难免，恳请广大读者批评指正。

作者

2024 年 5 月

目 录
Contents

第一章　导论

第一节　研究背景

一、我国智能电子技术的现状

（一）发展水平还需提高

审视我国电子信息技术的发展轨迹，不难发现其应用领域正迅速扩张，展现出一片光明的发展前景。电子产品的普及已深入千家万户，极大地提升了民众的生活便利性和质量。然而，与一些电子信息技术先进国家相比，我国在这一领域仍显逊色。主要原因包括对该产业的投资不足，导致研发力度受限，国内缺乏强大的核心技术，众多电子信息企业依赖于国外技术。此外，我国电子信息技术起步较晚，尚未形成规模化和一体化的产业格局，这些因素共同制约了该技术的进步。面对这些挑战，我国亟须加强管理理念和发展模式的创新，优化资源配置。当前，电子信息技术的广泛应用和综合能力凸显，对其发展前景的科学规划和推进至关重要，以促进相关产业的协同发展。发展电子信息技术，必须有效整合各类资源，加速推进。一方面，需全面评估各行业的发展趋势；另一方面，根据标准化要求，突出产品特性，提升技术含量，以确保在国际竞争中保持竞争力，从而增强我国电子信息技术的影响力，逐一克服阻碍其发展的障碍。

（二）缺乏复合型技术人才

在当今社会，教育体系的革新始终与社会需求的变化紧密相连。随着电子行业的迅猛发展，对高层次、技术精湛的复合型电子信息技术人才的需求日益迫切。然而，当前教育体系培养出的此类人才数量远远无法满足社会的需求，这一现象在我国电子信息技术领域尤为显著。我国电子信息产业在快速发展的同时，面临着科研人才流失的挑战，这直接导致了新时期电子信息行业人才短缺的问题。为了应对这一挑战，业界与教育部门必须携手合作，加大对信息技术复合型人才的培养力度，以期提升我国电子信息技术的整体水平。

人才是国家进步的基石，只有拥有强大的人才队伍，国家才能在国际竞争中占据有利地位。因此，当前的首要任务是加大对人才培养的投入，提升信息技术的发展水平，以此来增强国家的综合竞争力。我们必须认识到，培养高素质的复合型技术人才不仅是产业升级的关键，也是国家长远发展的战略需求。

二、智能电子技术的发展趋势

（一）代替人工

在当今时代，随着智能电子技术的日益精进，我国工业制造领域迎来了前所未有的变革。过去，制造业的发展依赖于大量的人力投入和时间积累，这不仅耗费巨额资金，而且在生产过程中效率低下，劳动强度大。然而，智能电子技术的引入极大地提升了工业生产的效率和市场活动的多样性与广泛性。这项技术依托于测量、计算机、光学、声学等多种技术手段，展现出智能调控的强大能力。通过计算机平台，智能电子技术能够收集、分析和处理相关数据，利用互联网技术优化生产流程。一旦生产过程中出现异常，系统能够即时识别并修复问题，从而提高产品质量，显著减轻工人的劳动负担。鉴于此，我国对智能电子技术的重要性有了更深刻的认识，并出台了一系列产业政策，旨在推动工业经济的快速增长，同时不断培养相关领域的专业人才。目前，智能电子技术已成为众多高等学府的重点发展方向，为我国产业发展提供了坚实的技术支撑。可以预见，智能电子技术将成为我国制造业未来发展的核心驱动力，引领产业向信息密集型和智能化方向转型，推动整个产业实现智能化创新。

（二）提高生活质量

如今人们的生活中处处都有电子技术的身影，电子技术不仅给企业的工作带来了质的飞跃，也给人们的生活增加了美化滤镜。采用电子信息技术，使各种电气设备向一体化方向发展是大势所趋。电子学综合系统，应包括电子学子系统与电力应用系统两部分。在此基础上，还建立出了一系列标准小芯片或模块，将满足用户需求的智能应用系统集成在一起。利用电子技术的整合，实现了电子技术产品结构优化、功能最大化。没有半导体技术和传感器，集成电路就不可能迅速发展，因为半导体技术为集成电路提供了发展基础，而传感器技术则大大缩小了体积，现在我们所能看到的随处可见的学生手机表、智能点读机等等，就是这些技术的集合。这些电子设备不仅加速了人们对社会信息的了解，还增进了人与人之间的沟通和距离。比如目前应用的芯片技术，通过植入芯片，可以实现动态跟踪和监控，应用于小区、车辆或者防护系统，给人们生活安全带来一层保障；还有就是现在的芯片支付，可以实现远程自由支付，方便、高效、快捷，对提高人们的生活质量起到了重要作用。

综合分析我国智能电子技术的现状和发展趋势，可以看出我国在电子信息技术领域取得了一定的成就，但仍面临着发展不平衡、核心技术受限、人才短缺等问题。当前，我国正加大对智能电子技术的投资和研发力度，加强人才培养，推动智能电子技术向更高水平发展。未来，随着智能电子技术的不断创新和应用，将进一步提高人们的生活质量，推动工业生产效率的提升，为我国工程产业发展注入新的活力。

第二节 目的与意义

一、研究目的

本研究旨在深入研究电子技术与智能系统的交叉领域，系统介绍电子元件、电路设计、智能算法、嵌入式系统、物联网、智能传感器、数据采集与处理、智能控制等关键主题。通过全面展示这些领域的基础知识和最新发展，探索智能技术在实际应用中的广泛应用，并展望未来的发展方向。电子技术在当今社会的方方面面发挥着重要作用，智能系统的发展更是推动了各行各业的创新与进步。本研究将系统地介绍这些领域的重要概念、原理与技术，并通过案例分析和实证研究，探讨其在实际应用中的应用效果和未来发展趋势。通过对这些关键主题的深入探讨，本研究旨在为相关领域的研究人员、工程师和决策者提供参考，促进学术交流与合作，推动电子技术与智能系统领域的发展。

二、研究意义

在理论上，本研究将深入探讨电子技术与智能系统的交叉领域，系统地介绍了多个关键主题，包括电子元件、电路设计、智能算法、嵌入式系统、物联网、智能传感器、数据采集与处理、智能控制等。通过全面展示这些领域的基础知识和最新发展，有助于加深学术界对电子技术和智能系统的理解，推动相关领域的研究和发展。本研究还将为未来相关领域的研究提供新的思路和方法，促进科技进步。

在实践上，本研究将为相关领域的从业人员提供实用的指导和参考，促进技术的应用和推广。电子技术和智能系统在各行各业都有着广泛的应用，例如智能家居、智能交通、智能制造等领域，本研究的成果将为相关行业的技术人员提供宝贵的实践经验和指导，帮助他们更好地应用和推广这些技术，提高工作效率和产品质量。

第三节　研究方法论

本研究将采用文献资料法、实证分析法和案例分析法等研究方法，系统地梳理电子技术与智能应用领域的相关理论和实践经验。首先，通过文献资料法，将查阅大量相关文献资料，包括学术论文、专业书籍、行业报告等，以全面了解电子技术与智能应用领域的研究现状和发展趋势。其次，通过实证分析法，将收集和分析相关数据，探讨电子技术与智能应用在实际应用中的效果和影响，为研究提供客观的实证依据。最后，通过案例分析法，将选取具有代表性的案例，深入探讨电子技术与智能应用在各个领域的具体应用情况，为今后的研究提供参考和借鉴。

综合运用这些研究方法，本研究将为电子技术与智能应用领域的研究提供全面深入的分析和探讨。通过文献资料法，可以系统地总结和归纳已有研究成果，为研究提供理论支持；通过实证分析法，可以验证理论模型的有效性，为研究提供实证依据；通过案例分析法，可以深入了解电子技术与智能应用在实际应用中的具体情况，为今后的研究和实践提供借鉴和启示。因此，本研究具有较高的学术价值和实践意义，有助于推动电子技术与智能应用领域的研究和发展。

第二章　电子技术基础

第一节　电子元件与电路

一、基本电子元件的特性和作用

（一）电阻

电阻是电子电路中的基本元件之一，用于限制电流、调节电路的电压和功率。它是由导电材料制成的，具有一定的电阻率，通常用欧姆（Ω）表示。电阻的阻值可以通过材料、长度、横截面积等因素来调节。

在电路中，电阻的作用主要有以下五个方面。

1.限流作用

电阻可以限制电流的大小，防止电路中的电流过大而损坏其他元件。例如，在发光二极管（LED）电路中，电阻用于限制电流，保护 LED 不受损坏。

2.分压作用

电阻可以根据欧姆定律（U=IR）来实现电压的分压。通过串联不同阻值的电阻，可以实现不同的输出电压，常用于信号调节电路中。

3.滤波作用

电阻与电容和 / 或电感组合可以构成滤波电路，用于滤除电路中的杂散信号或特定频率的信号。例如，低通滤波器可用于滤除高频噪声。

4.稳压作用

在稳压电路中，电阻可以通过与其他元件（如二极管、稳压管等）组合来实现稳定的输出电压。这在电源电路中非常重要，可以保证输出电压的稳定性。

5.发热作用

电阻在工作时会产生一定的热量，这在一些特定的应用中是需要的。例如，电炉中的电阻丝就是利用电阻发热的原理来加热。

（二）电容

电容的基本结构由两个导体（通常是金属板）之间的绝缘介质（如空气、塑料或陶瓷）组成。当电压施加在电容的两个导体上时，会在两个导体之间储存电荷，形成电场，这种储存电荷的能力称为电容的容量。

在电路设计中，电容具有以下五个主要作用。

1.储存电荷

当电容器两端施加电压时，正负电荷会在两个导体之间积累，形成电场。这种储存电荷的能力使得电容可以在电路中储存能量，并在需要时释放。

2.平滑电压

在电源电路中，电容常用于平滑输出电压。电容器通过储存和释放电荷来平衡电路中的电压波动，使得输出电压更稳定。

3.滤波作用

电容和电感组合可以构成滤波器，用于滤除电路中的杂散信号或特定频率的信号。例如，电源滤波电容可以滤除直流电源中的波纹信号。

4.耦合作用

电容可以用作信号耦合器，在不同电路部分传输信号。它可以通过允许交流信号通过而阻止直流信号来实现这一功能。

5.稳压作用

在稳压电路中，电容可以协助稳定输出电压，减少电压波动。它与稳压管或其他稳压元件配合使用，使电路的输出更加稳定可靠。

（三）电感

电感的基本结构通常由导体线圈构成，当电流通过导体线圈时，会在周围产生磁场，从而储存能量。

在电路设计中，电感具有以下五个主要作用。

1.存储磁场能量

电感是由导体线圈组成的元件，当电流通过导体线圈时，会在周围产生磁场，电感通过这种磁场来存储能量。当电流改变时，磁场的能量也随之改变，使得电感能够存储和释放能量。

2. 平滑电流

在直流电源或直流电路中，电感可以平滑电流，减少电流的波动性，使电路中的电流更加稳定。这种作用对于要求稳定直流电流的应用非常重要。

3. 阻抗匹配

电感在电路中的阻抗随频率变化而变化，因此可以用于调节电路的输入输出阻抗，实现阻抗匹配。这在通信系统等需要匹配阻抗的场合中非常有用。

4. 滤波作用

电感和电容结合可以构成 LC 滤波器，用于滤除电路中的杂散信号或特定频率的信号。电感对不同频率的信号有不同的阻抗，因此可以实现对特定频率信号的滤波。

5. 频率响应

在频率响应电路中，电感与电容结合可以构成谐振电路，用于增强或抑制特定频率的信号。电感的频率特性使得它在调节频率响应方面具有重要作用，例如在收音机中用于选择特定频率的广播信号。

（四）二极管

二极管是电子电路中常见的元件，具有单向导电性质，即只允许电流在一个方向上流动，而在反向时会阻止电流通过。这种性质使得二极管在电路设计中具有独特的功能和作用。

1. 单向导电性

二极管的最基本特性是单向导电性。当二极管处于正向偏置状态时，即正极连接到 P 型半导体，负极连接到 N 型半导体时，二极管呈现低电阻状态，允许电流通过。反之，当二极管处于反向偏置状态时，电流几乎不会通过，呈现出高电阻状态。

2. 整流功能

由于其单向导电性，二极管常用作整流器，将交流电信号转换为直流电信号。在整流电路中，二极管只允许正半周或负半周的电流通过，从而实现了对交流电信号的整流功能。

3.开关功能

二极管在电路中还常被用作开关元件。在数字电路中，二极管可用作逻辑门的构成要素，实现逻辑运算功能。在模拟电路中，二极管可用作信号开关，控制信号的通断。

4.稳压功能

Zener 二极管是一种特殊的二极管，其特点是在反向击穿电压时会稳定在一个特定的电压值，因此被用作稳压器。在稳压电路中，Zener 二极管可以稳定输出电压，防止电路中的电压波动。

（五）晶体管

晶体管是一种半导体器件，具有放大和开关功能，是现代电子设备中不可或缺的元件之一。其特点和作用如下：

1.特点

（1）高输入阻抗

晶体管的输入端具有高阻抗，这意味着它对外部电路的影响较小，能够保持信号的稳定性。这对于信号处理和放大非常重要，尤其是在微弱信号的放大中，高输入阻抗可以有效地减少信号失真。

（2）低噪声特性

晶体管在放大信号时的噪声相对较低，这对于保持信号质量至关重要。低噪声特性意味着晶体管可以放大信号而不引入太多额外的噪声，保证了信号的清晰度和准确性。

（3）放大功能

晶体管能够放大微弱的输入信号，使其输出信号具有更大的幅度。这种放大功能使晶体管成为各种电子设备中不可或缺的元件，如放大器、收音机、电视机等。

（4）开关功能

晶体管具有开关功能，能够控制电路的通断。这种开关功能使晶体管成为数字电子电路中的重要组成部分，如计算机的逻辑门和存储器单元等。

（5）温度稳定性好

晶体管的工作性能随温度变化影响较小，具有较好的温度稳定性。这意味着晶体管在不同温度下的工作性能变化较小，能够保持稳定的工作状态。

2.作用

（1）放大作用

晶体管在放大电路中起到放大信号的作用。当输入信号加到晶体管的基极时，晶体管会控制从集电极到发射极的电流，从而实现对信号的放大。晶体管放大器是晶体管应用的一个典型例子，广泛应用于各种电子设备中，如音频放大器、射频放大器等。

（2）开关作用

晶体管在开关电路中充当开关的作用。通过控制晶体管的输入电压，可以控制其导通或截止。这种开关功能被广泛应用于数字电路中，例如逻辑门、存储器单元等，是现代电子设备中不可或缺的组成部分。

（3）振荡作用

晶体管在振荡电路中能够产生特定频率的振荡信号。通过将晶体管配置为谐振回路的一部分，可以实现频率稳定的振荡器。这种振荡功能在时钟电路、无线通信等领域中具有重要应用。

（六）集成电路

集成电路（Integrated Circuit，IC）是一种将大量的电子元件（如晶体管、电阻、电容等）集成在同一块半导体晶片上的微型电路。集成电路的特点是高度集成、体积小、功耗低、性能稳定。它的发明极大地推动了电子技术的发展，并在各个领域得到广泛应用。

1.集成度和结构

集成电路的集成度分为小规模集成（SSI）、中规模集成（MSI）、大规模集成（LSI）和超大规模集成（VLSI）等级。集成电路通常由晶体管、电阻、电容等元件组成，通过精密的工艺在单个晶片上制造完成。

2.种类

集成电路可分为模拟集成电路和数字集成电路两大类。模拟集成电路用于处理连续信号，常用于放大、滤波、混频等。数字集成电路则处理离散信号，常用于逻辑运算、存储、控制等。

3.应用领域

集成电路在现代科技中有广泛的应用，包括通信、计算机、消费电子、医疗器械等领域。在通信领域，集成电路被用于制造无线通信设备中的射频模块、基带处理器等；在计算机领域，集成电路被用于制造中央处理器（CPU）、图形处理器（GPU）等核心部件；在消费电子领域，集成电路被用于制造智能手机、平板电脑等电子产品。

二、电子电路

（一）电子电路的定义

1.电子电路的概念

（1）电子电路的定义

电子电路是现代电子技术的基础，是由多个电子元器件按照一定的连接方式组成的电路系统，用于实现特定功能的电路。电子元器件包括二极管、晶体管、电容器、电阻器等，它们在电路中扮演着不同的角色。二极管常用于整流和开关电路中，晶体管则用于放大和开关电路，电容器用于储存电荷和滤波，电阻器用于限制电流和分压。这些元器件通过连接在一起，可以实现各种各样的功能，如信号放大、滤波、调制解调、计算等。电子电路广泛应用于通信、计算机、消费电子等领域，是现代社会中不可或缺的一部分。

随着科技的进步，电子电路的发展也在不断地演进。在功能上，电子电路不仅能够实现基本的信号处理功能，还可以实现更加复杂的功能，如数字信号处理、高速通信、高精度测量等。在结构上，电子电路的尺寸越来越小，性能越来越稳定可靠，功耗越来越低，这些都为电子产品的发展提供了坚实的基础。

电子电路的发展也面临着一些挑战和问题。随着电子产品功能的不断增加，电路的复杂度和集成度也在不断提高，这给电路设计和制造带来了更高的要求。同时，环保和能源危机也促使人们研究更加节能环保的电子电路设计和制造技术。因此，电子电路的发展需要不断地创新和进步，以适应社会的发展需求。

（2）电子电路的发展历程

电子电路的发展历程可以追溯到20世纪初的晶体管时代。在这个时期，晶体管被广泛应用于电子设备中，取代了以前的电子管，使得电子设备更加小型化、可靠化。随着技术的不断发展，晶体管的集成度逐渐提高，功能也越来越强大。

20世纪60年代，集成电路的出现标志着电子电路进入了一个新的时代。集成电路将大量的晶体管、电容器、电阻器等元器件集成到一块芯片上，实现了电路的高度集成和微型化，极大地提高了电子设备的性能和功能。集成电路的应用使得电子产品更加普及，也推动了电子技术的快速发展。

20世纪70至80年代，随着计算机技术的发展，大规模集成电路和超大规模集成电路相继问世，进一步提高了电子电路的集成度和功能。这一时期，电子电路开始向数字化、高速化、大规模集成化方向发展，为信息时代的到来奠定了基础。

20世纪90年代以后，随着通信技术和互联网的快速发展，电子电路进入了数字化、网络化的新阶段。数字信号处理技术、通信技术、微波技术等得到了广泛应用，推动了电子电路的进一步发展。同时，随着移动通信、物联网等新兴领域的兴起，电子电路也在不断地演进和创新，为人类社会的发展做出了重要贡献。

2.电子电路的组成

（1）电子元件

电子元件是构成电子电路的基本单元，包括二极管、晶体管、电容器、电阻器等。这些元件通过连接在一起，可以实现各种复杂的功能。二极管是一种最基本的电子元件，具有单向导电特性，主要用于整流电路和信号检测电路中。晶体管是一种具有放大和开关功能的半导体器件，广泛应用于放大电路和逻辑电路中。电容器是一种储存电荷的元件，主要用于滤波、耦合和调节电路中。电阻器是一种控制电流流动的元件，用于限制电流、调节电压和分压等。这些电子元件的性能参数和特性对电路的功能和稳定性至关重要。合理选择和设计这些电子元件，可以实现电路的各种功能要求，满足不同场景的电子应用需求。

（2）导线

导线在电子电路中起着连接电子元件的重要作用，它是电子电路中的载流体，负责传输电荷。导线的选择和设计直接影响到电路的性能和稳定性。导线的主要参数包括材料、截面积、长度和形状等。常见的导线材料有铜、铝、银等，其中铜是应用最广泛的导线材料，因为它具有良好的导电性能和机械性能。导线的截面积和长度会影响到导线的电阻，截面积越大、长度越短，导线的电阻越小，传输电荷的能力越强。导线的形状也会影响到电路的性能，如扁平导线可以减小皮效应，提高高频信号的传输效率。此外，导线的绝缘层也很重要，它可以防止导线之间的短路和漏电，确保电路的安全运行。因此，在设计电子电路时，需要根据具体的要求选择合适的导线材料、截面积和长度，并注意导线的绝缘保护，以确保电路具有良好的性能和稳定性。

（3）连接方式

在电子电路中，电子元件之间的连接方式多种多样，包括串联、并联和反馈等。这些连接方式可以根据电路设计的要求和功能选择合适的方式。串联连接是将电子元件按顺序连接在同一电路路径中，电流依次经过各元件。串联连接常用于要求电流流过各元件的情况，如电阻分压电路。并联连接是将多个电子元件的一个端子连接在一起，另一个端子连接在另一条线上，用于增加电路的电流容量或降低电阻等。并联连接常用于要求电路具有高电流容量或要求各元件工作相对独立的情况，如并联电容器增加电容量。反馈连接是将电路的输出信号重新引入到输入端，通过控制反馈信号的幅值和相位来调节电路的工作状态，实现稳定的工作特性和控制功能。不同的连接方式可以实现不同的电路功能，设计人员可以根据具体要求灵活选择适合的连接方式，以实现电路设计的功能和性能要求。

3.电子电路的分类

（1）模拟电路

模拟电路是一种用于处理连续信号的电路，在各种应用中广泛存在，如声音、图像等信号的处理。它主要包括放大器、滤波器、调制器等电路。放大器是模拟电路中常见的一种电路，用于放大输入信号的幅度，可以分为直流放大器和交流放大器两大类。直流放大器主要用于放大直流信号，如传感器输出等；而交流放大器主要用于放大交流信号，如音频信号等。滤波器是另一类常见的模拟电路，用于选择性地通过或抑制特定频率范围内的信号。根据其频率特性，滤波器可以分为低通滤波器、高通滤波器、带通滤波器和带阻滤波器等。调制器是将模拟信号转换为调制信号的电路，常用于通信系统中。它可以将原始信号调制到载波信号上，以便在传输中更好地抵抗干扰和衰减。模拟电路的设计涉及许多重要概念和技术，如放大器的增益稳定性、滤波器的频率响应特性和调制器的调制方式等。因此，深入理解模拟电路的原理和设计方法对于工程师和研究人员在模拟电路领域的工作具有重要意义。

（2）数字电路

数字电路是一种处理离散信号的电路，在现代电子设备中有着广泛的应用，特别是在计算机和数字通信系统中。它主要包括逻辑门、触发器、计数器等电路。逻辑门是数字电路中最基本的组成单元之一，用于实现逻辑运算，如与门或门、非门等，通过组合这些逻辑门可以构建出各种复杂的数字逻辑功能。触发器是一种存储器件，用于存储一个比特的信息，常用于时序电路和存储器中。计数器是一种用于计数的电路，可以实现多种计数方式，如二进制计数、BCD计数等。数字电路的设计和实现需要考虑到信号的离散性质，以及在数字系统中使用的二进制数制。此外，数字电路还涉及时序和同步控制等重要概念，确保电路的正确操作和稳定性。因此，深入理解数字电路的原理和设计方法对于从事数字电路设计和应用的工程师和研究人员具有重要意义。

（3）混合信号电路

混合信号电路是一种同时处理模拟信号和数字信号的电路，在通信设备等领域有着广泛的应用。它结合了模拟电路和数字电路的优点，既可以处理连续的模拟信号，又可以处理离散的数字信号，使得在数字系统中能够更好地控制和处理模拟信号。混合信号电路的设计和实现需要考虑到模拟信号和数字信号之间的转换和匹配，以及在混合信号系统中可能出现的干扰和噪声问题。混合信号电路中常见的组件包括模数转换器（ADC）、数模转换器（DAC）、滤波器、放大器等。模数转换器将模拟信号转换为数字信号，用于数字系统的处理；而数模转换器则将数字信号转换为模拟信号，用于驱动模拟设备或输出模拟信号。滤波器和放大器等模拟电路组件用于处理模拟信号，保证信号质量和稳定性。混合信号电路的设计需要综合考虑模拟和数字电路的特性，以及它们在系统中的协调工作，以实现高性能、低功耗和高可靠性的系统。因此，深入理解混合信号电路的原理和设计方法对于从事通信设备等领域的工程师和研究人员具有重要意义。

（4）功率电子电路

功率电子电路是一类专门用于处理高功率信号的电路，广泛应用于电力电子设备、电机驱动器等领域。与传统的电子电路相比，功率电子电路具有较高的功率处理能力、较高的效率和较好的稳定性。功率电子电路通常由功率器件、驱动电路和保护电路组成。功率器件是功率电子电路的核心部件，常见的功率器件包括晶闸管、场效应管、双极型晶体管等。驱动电路用于控制功率器件的导通和关断，保证电路的正常工作。保护电路则用于保护功率器件和其他电路元件，防止电路因过电流、过压等原因损坏。功率电子电路在电力电子领域的应用非常广泛，例如在变流器、逆变器、直流调速器等设备中起着至关重要的作用。功率电子技术的发展不仅提高了电力系统的效率和稳定性，也推动了电力电子设备的智能化和集成化发展。因此，对功率电子电路的深入研究和理解对于提高电力电子设备的性能和可靠性具有重要意义。

（5）集成电路

集成电路是将多个电子元件（如晶体管、电阻器、电容器等）集成在一起形成的电路，是现代电子电路的主流发展方向之一。与传统的离散元件电路相比，集成电路具有体积小、功耗低、性能稳定等优点。集成电路的发展经历了多个阶段，从最初的小规模集成电路（Small Scale Integration，SSI）、中规模集成电路（Medium Scale Integration，MSI）到大规模集成电路（Large Scale Integration，LSI）、超大规模集成电路（Very Large Scale Integration，VLSI）和超超大规模集成电路（Ultra Large Scale Integration，ULSI），集成度不断提高，功能更加强大。集成电路广泛应用于计算机、通信、消费电子、医疗设备、汽车电子等领域，成为现代电子产品的核心组成部分。随着技术的发展，集成电路的制造工艺也在不断进步，从传统的硅基集成电路发展到更先进的混合集成电路、三维集成电路等新型集成电路技术，不断推动着电子技术的发展和创新。因此，集成电路作为现代电子技术的基础，对于推动信息社会的发展和促进科技进步起着至关重要的作用。

（二）电子电路的功能

1.信号放大

信号放大是电子电路中一项重要的功能，它可以将输入信号的幅度增大到所需的水平，以满足特定的应用需求。放大器是实现信号放大功能的关键元件，常见于各种电子设备中，如音频放大器、视频放大器等。放大器的设计需要综合考虑多个指标，包括增益、带宽、失真等。首先，放大器的增益是衡量放大器放大能力的重要指标。增益可以是固定的，也可以是可调的，根据不同的应用需求选择不同的增益值。带宽是放大器能够正常工作的频率范围，带宽越大，放大器在处理高频信号时的性能越好。失真是指放大器输出信号与输入信号之间的差异，包括谐波失真、交叉失真等，需要在设计中尽量降低。其次，放大器的类型和结构也影响着其性能和应用。常见的放大器类型包括电压放大器、功率放大器、运算放大器等，不同类型的放大器适用于不同的应用场景。结构上，放大器可以分为单端放大器和差分放大器，差分放大器具有抗干扰能力强、共模抑制比高等优点，在一些高要求的应用中更为常见。最后，放大器的稳定性和可靠性也是设计时需要考虑的重要因素。放大器在工作时需要稳定输出，不受外界干扰影响，同时需要保证长时间工作不失效。

2.滤波

滤波是电子电路中常见的功能，它可以对信号进行处理，去除不需要的频率成分，从而保留需要的信号。滤波器是实现滤波功能的重要电子元件，广泛应用于音频设备、通信设备等领域。

在滤波器的设计中，需要考虑到几个重要的指标。首先，是通频带，即允许通过的频率范围，通频带越宽，滤波器通过的频率范围越广。其次，是阻滞，即在该频带内信号被有效地抑制的频率范围。阻滞越宽，滤波器对信号的抑制能力越强。最后，群延迟也是一个重要指标，它影响着信号通过滤波器的时间延迟，群延迟越小，滤波器对信号的处理越及时。

滤波器根据其频率特性可以分为低通滤波器、高通滤波器、带通滤波器和带阻滤波器等不同类型。低通滤波器通过低于截止频率的信号，高通滤波器通过高于截止频率的信号，带通滤波器通过特定频率范围内的信号，带阻滤波器抑制特定频率范围内的信号。

在音频设备中，滤波器常用于调节音频信号的频率特性，例如调节音频的低音、中音和高音；在通信设备中，滤波器用于选择性地通过特定频率的信号，抑制干扰和噪声，提高通信质量。

3. 调制解调

调制解调是电子电路中的重要功能，它可以将信号转换为适合传输的形式。调制解调器是实现这一功能的重要电子元件，广泛应用于通信设备中。

调制是将要传输的信号转换为载波信号的过程，通过改变载波信号的某些特性（如幅度、频率、相位等），将信息信号嵌入到载波信号中。调制的方式有多种，常见的包括调幅调制（AM）、调频调制（FM）和调相调制（PM）等。

解调是将接收到的调制信号还原为原始信号的过程，解调器通过识别载波信号的特定特性，将其分离出来，得到原始信号。解调的方式也有多种，与调制方式相对应，常见的有幅度解调（AM 解调）、频率解调（FM 解调）和相位解调（PM 解调）等。

在调制解调器的设计中，需要考虑到多个指标。其一是调制方式和解调方式的选择，根据不同的应用场景选择合适的调制解调方式。其二是调制深度，即信息信号对载波信号的影响程度，调制深度越大，信息传输的效果越明显，但也会增加传输功率和带宽的需求。

调制解调器广泛应用于各种通信设备中，如调制解调器用于调制解调数字信号，使其能够在网络中传输。通过合理设计和选择调制解调器，可以有效地实现信号的传输和处理，提高通信质量和效率。

4. 计算

数字电路是一种处理数字信号的电路，能够实现各种计算功能，如加法、减法、乘法、除法等。计算机是应用最广泛的数字电路系统，其中的中央处理器包含了大量的计算电路。数字电路的设计需要考虑到位宽、时钟频率、功耗等指标。

第一，位宽是衡量数字电路处理能力的重要指标之一。它决定了数字电路可以处理的数据位数，位宽越大，数字电路处理的数据范围越广，计算精度越高。例如，一个 8 位的加法器可以对两个 8 位的数字进行加法运算，而一个 16 位的加法器可以处理两个 16 位的数字。

第二，时钟频率是数字电路中另一个重要的指标。时钟频率决定了数字电路每秒钟可以进行多少次计算。时钟频率越高，数字电路的计算速度越快，但也会增加功耗和散热问题。在设计数字电路时，需要根据实际应用需求和性能要求选择合适的时钟频率。

第三，功耗也是数字电路设计中需要考虑的重要因素。数字电路在工作时会消耗一定的能量，功耗越低，电路的能效性和可靠性越高。因此，在设计数字电路时，需要采用低功耗的设计方案，同时考虑散热和能源管理等问题，以提高数字电路的性能和可靠性。

第二节　传统电子元件

一、传统电子元件的分类和特点

（一）按制造行业划分为元件和器件

1. 元件

元件是指在电子设备或电路中起着特定功能的基本部件，其特点是在加工过程中没有改变其分子成分和结构。这些元件通常由专门的电子零部件企业制造，为各种电子设备和系统提供支持和功能。

电阻是一种常见的元件，用于限制电流的流动。电阻的阻值可以根据需要选择，常用于电路中调节电流大小或实现特定电压。电容是另一种常见的元件，用于储存电荷并控制电路中的电压。电感器是一种储存磁场能量并控制电路中电流的元件，常用于滤波和阻抗匹配。电位器主要用于调节电路中的电压或电流大小，常见于音量控制和调节电路中。变压器是用于改变电路中电压或电流大小的元件，常见于电源和变压器中。连接器用于连接电子设备或电路的不同部分，常见于电路板和外部设备的连接。开关用于控制电路的通断，常见于电路的开关控制。石英和陶瓷元件常用于频率控制和稳定电路中，例如石英晶体常用于时钟电路。继电器是一种电磁控制的开关，用于控制大电流或高电压的电路。

这些元件在电子工程中扮演着重要的角色，它们的性能和质量直接影响着整个电子设备的性能和稳定性。因此，在选择和使用这些元件时，需要考虑到其性能参数、可靠性和适用环境等因素，以确保电子设备的正常运行和性能优化。

2. 器件

器件是指在加工过程中改变其分子成分和结构的产品，通常由半导体企业制造。这些器件在电子领域扮演着至关重要的角色，涵盖了许多关键的电子元件和部件。

（1）二极管

二极管是一种具有两个电极的器件，具有单向导电性。它广泛应用于整流、开关和信号检测等电路中，是电子设备中不可或缺的元件之一。

（2）三极管

三极管是一种具有三个电极的器件，常用作放大器、开关和电路控制器。它具有放大功能，能够控制较大功率的电路。

（3）场效应管（FET）

场效应管是一种电压控制型的器件，具有高输入阻抗和低噪声特性。它常用于放大、开关和模拟电路中。

（4）光电器件

光电器件是一类能够将光信号转换为电信号或者将电信号转换为光信号的器件，包括光电二极管、光电探测器、光电转换器等。它们在通信、传感和光电显示等领域有着广泛的应用。

（5）集成电路

集成电路是将许多电子元件集成在一起形成的微型电路，具有高集成度和复杂功能。它广泛应用于计算机、通信、消费电子等领域，是现代电子技术的核心组成部分。

（6）电真空器件

电真空器件是一种利用真空管道中的电子流控制电流和电压的器件，包括三极管、四极管等。虽然已经被固态器件取代，但在特定领域仍然有应用。

（7）液晶显示器（LCD）

液晶显示器是一种利用液晶分子在电场作用下改变光的传播方向来显示图像的器件。它广泛应用于各种电子设备的显示屏中，如电视、手机、电脑显示器等。

（二）按电路功能划分为分立器件和集成器件

1.分立器件

分立器件是指具有一定电压电流关系的独立器件，通常只具有简单的电压电流转换或控制功能，不具备电路的系统功能。分立器件包括电抗元件、机电元件和半导体分立器件。

（1）电抗元件

电抗元件是指电感器和电容器，它们分别具有储存和释放能量的能力。电感器通过存储磁场能量来控制电流，而电容器则通过存储电场能量来控制电压。它们在电路中常用于调节阻抗、滤波和存储能量等功能。

（2）机电元件

机电元件包括电机、电磁铁、声音器件等，它们通过电能和机械能之间的相互转换来实现控制和驱动。这些元件在各种机械系统和电动设备中发挥着重要作用。

（3）半导体分立器件

半导体分立器件包括二极管、双极三极管、场效应管和晶闸管等。这些器件通过半导体材料的电性能实现电流的控制和转换。例如，二极管具有单向导电性，常用于整流和保护电路；三极管作为放大器件用于信号放大；场效应管用于电压放大和开关控制；晶闸管用于高功率开关控制等。

2.集成器件

集成器件是指一个完整的功能电路或系统采用集成制造技术制作在一个封装内，组成具有特定电路功能和技术参数指标的器件。与分立器件相比，集成器件具有更高的集成度和功能性。集成器件可以组成完全独立的电路或系统功能，为电子设备的设计提供了更多的可能性和灵活性。

集成器件的产品范围广泛，涵盖了数字电视系统、计算机类、通用可编程逻辑电路（PLC）、通信类、存储类、显示类和混合电路等多个领域。这些产品通过集成不同的功能模块，实现了复杂的电子系统功能。例如，数字电视系统集成了视频解码、音频处理、信号调制等功能；计算机集成了中央处理器、内存、输入输出接口等功能；通信类集成了调制解调器、射频前端、数据处理等功能。

集成器件的设计和制造涉及多个领域的知识和技术，包括电路设计、半导体工艺、封装技术等。工程师需要在设计过程中考虑电路的功能需求、功耗、散热、成本等因素，同时还需要关注制造工艺对器件性能的影响，以确保设计的器件能够满足预期的性能指标。

（三）按工作机制划分为无源器件和有源器件

1.无源器件

无源器件是电子电路中的重要组成部分，它们在电路中起到传输、控制和调节信号的作用，但不需要额外的电源供应。这些器件消耗输入信号的能量，但本身不会产生能量，因此被称为被动元件。无源器件包括各种基本的电子元件和一些辅助器件，如二极管、电阻器、电容器、电感器、变压器、继电器、按键、开关、蜂鸣器和喇叭等。

二极管是一种最简单的无源器件，它具有单向导电特性，常用于整流和信号检测。电阻器用于限制电流的流动，调节电路中的电压和电流。电容器可以储存电荷并在需要时释放电荷，用于滤波和耦合等应用。电感器可以存储能量在磁场中，并用于阻抗匹配和滤波。变压器用于改变电路中的电压和电流。继电器用于控制大电流或高电压的开关。按键、开关、蜂鸣器和喇叭等辅助器件用于电路控制和警示。

这些无源器件在电子电路设计中起着重要作用，它们的选择和应用直接影响着电路的性能和稳定性。无源器件的特点在于它们不需要外部电源就可以工作，因此在很多低功耗和便携设备中得到广泛应用。

2.有源器件

有源器件是电子电路中的一类重要元件，其工作需要外部电源的供应。有源器件具有放大、开关、调节等功能，能够控制电路中的电流和电压。这类器件被称为主动元件，因为它们能够在电路中主动地控制电流或电压。

常见的有源器件包括三极管、场效应管和集成电路等。三极管是一种常用的放大器件，能够放大小信号，广泛应用于放大电路中。场效应管具有低功耗和高输入阻抗的特点，常用于电路的开关和调节。集成电路是将多个器件集成在一起制成的电路，具有复杂的功能，广泛应用于计算机、通信、控制等领域。

有源器件以半导体材料为基本材料构成，具有体积小、功耗低、速度快等优点。它们的工作需要电源供应，因此在设计电路时需要考虑电源的稳定性和适配性。有源器件的特点在于能够主动地控制电路的电流和电压，为电子设备的正常工作提供了基础保障。

二、传统电子元件的设计和制造

（一）传统电子元件的设计原则

1.满足电路功能需求

在设计电子电路时，首要考虑的是满足电路的功能需求。这一原则是电子电路设计的基础，关乎电路是否能够正常工作和达到设计要求。为了满足电路功能需求，设计者需要选择合适的电子元件类型和参数。首先，需要对电路的功能需求进行充分地分析和理解，明确电路需要实现的功能和性能指标。根据这些功能和性能指标，设计者可以选择合适的电子元件，包括电阻、电容、电感、晶体管等。其次，在选择元件时，需要考虑元件的工作特性是否符合电路的需求，例如电阻值、电容值、工作频率范围等。最后，还需要考虑元件的工作环境和工作条件，确保元件能够在各种条件下正常工作。通过选择合适的元件类型和参数，设计者可以确保电路能够有效地实现其功能需求，从而提高电路的性能和可靠性。

2.选用可靠的元件

在电路设计中，选择可靠的元件是确保电路长期稳定运行的关键。可靠的元件能够减少元件故障对电路造成的影响，提高电路的可靠性。为了选用可靠的元件，设计者需要考虑多个方面。首先，需要选择具有良好品质和稳定性能的元件品牌和型号。这些元件经过严格的质量控制和性能测试，能够保证其在长期使用过程中不会出现故障。其次，需要考虑元件的使用环境和工作条件。不同的元件有不同的适用环境和工作条件要求，设计者需要根据电路的实际使用环境选择符合要求的元件。最后，还需要考虑元件的使用寿命和可靠性指标。选择具有较长寿命和高可靠性指标的元件，可以有效延长电路的使用寿命，降低维护成本。

3.考虑元件的稳定性

在电路设计中，考虑元件的稳定性是非常重要的。元件的稳定性直接影响到电路的性能和可靠性。在设计过程中，设计者需要充分考虑元件的工作环境和工作条件，确保元件在各种条件下都能正常工作。其中，一个重要的因素是考虑元件的工作温度范围。不同类型的元件对工作温度的要求不同，设计者需要根据元件的特性选择合适的工作温度范围，以确保元件在不同温度下都能正常工作。另一个重要的因素是考虑元件的工作电压范围。元件的工作电压范围直接影响到元件的稳定性和可靠性，设计者需要根据电路的实际工作电压选择合适的元件，以确保元件在各种工作电压下都能正常工作。除此之外，还需要考虑元件的工作湿度、工作海拔等因素，以确保元件在各种环境条件下都能正常工作。

4.考虑元件的寿命和可靠性

在电路设计中，考虑元件的寿命和可靠性是至关重要的。选择具有长寿命和高可靠性的元件可以显著延长电路的使用寿命，并减少维护和更换的频率。元件的寿命和可靠性受多种因素影响，包括元件的质量、制造工艺、工作环境以及使用条件等。

第一，元件的质量是影响其寿命和可靠性的关键因素之一。高质量的元件通常具有更长的使用寿命和更高的可靠性，因为它们在制造过程中经过严格的质量控制和测试。例如，一些知名的元件制造商如英特尔（Intel）、德州仪器（Texas Instrument）等，其产品经过严格的测试和认证，因此具有较高的可靠性和较长的寿命。

第二，制造工艺也对元件的寿命和可靠性起着重要作用。精密的制造工艺可以确保元件具有更加稳定的性能和更长的寿命。例如，一些先进的制造工艺如

CMOS 工艺具有更高的集成度和更低的功耗，从而提高了元件的性能和可靠性。

第三，工作环境和使用条件也会影响元件的寿命和可靠性。在恶劣的工作环境下，元件容易受到湿度、温度、振动等因素的影响，从而缩短其寿命。因此，在选择元件时需要考虑元件的工作环境和使用条件，选择适合的元件以确保其长期稳定运行。

（二）传统电子元件的制造工艺

1.选材

（1）二极管的材料选择

二极管的核心材料是半导体材料，常用的有硅、锗等。硅是最常用的二极管材料，因为它的禁带宽度适中，能够在常温下工作。锗的禁带宽度比硅小，适用于一些低功耗的应用场合。

（2）电容器的电介质选择

电容器的电介质材料也是制造过程中重要的选择。常见的电介质材料有陶瓷、聚乙烯、聚丙烯等。不同的电介质材料具有不同的介电常数和损耗因子，适用于不同的电容器类型和工作条件。

2.加工

（1）晶体管的加工

晶体管的加工主要包括晶圆切割、晶圆清洗、掺杂扩散、金属化等工艺。首先，通过切割晶圆得到单个晶体管芯片，然后在芯片表面进行掺杂扩散，形成 PN 结构。最后，在芯片上沉积金属，形成电极，完成晶体管的制作。

（2）二极管的加工

二极管的加工也包括晶圆切割、掺杂扩散等工艺。通过切割晶圆得到单个二极管芯片，然后在芯片表面进行掺杂扩散，形成 PN 结构，最终形成二极管的正负极。

3.组装

（1）元件封装

在元件组装过程中，需要将制造好的芯片封装在塑料、陶瓷等材料中，以保护芯片不受外界环境的影响，并提供引线接口方便连接其他电路。

（2）焊接

焊接是将各个部件组装在一起的关键步骤，包括表面贴装焊接和插件焊接两种方式。表面贴装焊接适用于小型元件的组装，插件焊接适用于大型元件或需要承受较大功率的元件。

4.测试

（1）性能测试

性能测试是确保元件符合设计要求的重要步骤，包括静态特性测试和动态特性测试。静态特性测试主要包括电阻、电容、电感等参数的测试，动态特性测试主要包括响应速度、功耗等参数的测试。

（2）可靠性测试

可靠性测试是评估元件在长期使用过程中的稳定性和可靠性，包括温度循环测试、湿热循环测试等。这些测试可以帮助制造商评估元件的使用寿命和可靠性，并采取相应的改进措施。

第三节　新型电子元件（如集成电路、微电子器件等）

一、新型电子元件的特点

（一）电子元器件时代的转变

传统的电子元器件逐渐被新型电子元器件所取代，这些新型元器件不仅仅追求小型化和新工艺要求，更注重满足数字技术、微电子技术发展的特性需求。这种转变标志着电子元器件的发展方向已经从单一功能向多功能、高性能的方向演变，这种演变将深刻影响整个电子产业的发展。

第一，新型电子元器件的出现和普及标志着电子元器件进入了一个新的时代。传统的电子元器件在功能和性能上已经无法满足日益增长的技术需求，而新型电子元器件的出现填补了这一空白。新型电子元器件不仅具有更高的集成度和更低的功耗，而且在性能和功能上也有了巨大的提升。这使得新型电子元器件在各个领域都有着广阔的应用前景，成为推动整个电子产业快速发展的重要引擎。

第二，新型电子元器件的出现也给电子产业带来了巨大的变革。传统的电子元器件生产和制造方式已经无法适应新型电子元器件的需求，生产工艺和制造技术也面临着全新的挑战。为了适应新型电子元器件的发展，电子产业需要不断进行技术创新和转型升级，提高产品的质量和性能，降低生产成本，才能在激烈的市场竞争中立于不败之地。

第三，新型电子元器件的出现也给电子产业带来了新的发展机遇。随着新型电子元器件的不断推出和应用，电子产业将迎来一波新的发展潮流。新型电子元器件的广泛应用将带动相关产业链的发展，推动整个电子产业向更高水平迈进。同时，新型电子元器件的出现也将催生一批新型产业和新型业态，为整个产业带来更多的创新和发展机遇。

（二）新型电子元器件的技术特性

新型电子元器件的技术特性是其与传统电子元器件显著区别的关键之处。这些特性使得新型电子元器件在各个领域都具有更广泛的应用和更高的性能表现。下面将对新型电子元器件的十个主要技术特性进行详细阐述。

第一，新型电子元器件的高频化特性是指其在高频率下的工作性能优越。这种特性使得新型电子元器件在通信、雷达、无线电等领域有着广泛的应用。例如，高频率的微波器件在通信领域的应用中具有重要意义，能够实现更快速的数据传输和更稳定的信号传输。

第二，新型电子元器件的片式化特性是指其结构更加紧凑和集成化。通过集成化设计，可以将多个功能模块集成在一个芯片上，从而实现器件的小型化和功耗的降低。这种特性使得新型电子元器件在便携式设备、智能穿戴设备等领域具有广泛的应用前景。

第三，新型电子元器件的微型化和薄型化特性是指其体积更小、厚度更薄。这种特性使得新型电子元器件在微型设备、柔性电子产品等领域有着广泛的应用。例如，柔性显示屏的发展离不开电子元器件的微型化和薄型化特性，使得设备更轻薄、灵活。

第四，新型电子元器件的低功耗特性是指其在工作时能够降低能量消耗。这种特性使得新型电子元器件在电池供电的设备中具有重要意义，能够延长设备的续航时间，提高设备的使用效率。

第五，新型电子元器件的响应速率快特性是指其在接收信号并做出响应时的速度很快。这种特性使得新型电子元器件在高速数据处理、传感器应用等领域有着重要的应用价值。

第六，新型电子元器件的高分辨率和高精度特性是指其能够提供更高的分辨率和更高的精度。这种特性使得新型电子元器件在显示技术、传感器技术等领域具有重要的应用前景。

第七，新型电子元器件的高功率特性是指其能够提供更高的功率输出。这种特性使得新型电子元器件在功率放大器、功率驱动器等领域有着广泛的应用。

第八，新型电子元器件的多功能特性是指其能够实现多种功能。这种特性使得新型电子元器件在多媒体设备、智能家居等领域有着广泛地应用。

第九，新型电子元器件的组件化、复合化和模块化特性是指其能够实现组件之间的模块化设计和复合化组合。这种特性使得新型电子元器件在系统集成、定制化设计等领域有着广泛的应用前景。

第十，新型电子元器件的智能化特性是指其能够实现智能控制和智能感知。这种特性使得新型电子元器件在人工智能、智能交通等领域有着广泛的应用前景。

（三）电子元器件市场竞争态势

随着新型电子元器件的不断涌现和技术的快速更新换代，传统电子元器件所处的市场地位受到了挑战，而新型电子元器件则逐渐成为市场的主导。在这种背景下，电子元器件市场呈现出以下四个方面的竞争态势。

第一，不同门类和品种的电子元器件之间的竞争日趋激烈。随着科技的不断发展，新型电子元器件的涌现使得传统电子元器件面临着更为严峻的竞争压力。一些传统电子元器件逐渐被新型电子元器件所取代，而一些功能更为强大、性能更为优越的新型电子元器件则逐渐占据了市场的主导地位。这种竞争使得企业不得不不断调整产品结构和市场定位，以适应市场的变化。

第二，一些门类和品种的电子元器件将大力发展，包括数量和应用范围的增加。随着新型电子元器件的不断涌现和技术的不断成熟，一些功能性强、性能优越的电子元器件逐渐受到市场的青睐，其数量和应用范围也在不断增加。这种发展趋势为电子元器件市场注入了新的活力，也为相关产业链的发展带来了新的机遇。

第三，一些门类和品种的电子元器件将逐渐减少，甚至被淘汰。随着科技的不断进步和市场需求的不断变化，一些功能性较弱、性能较差的传统电子元器件将逐渐被淘汰，取而代之的是功能更为强大、性能更为优越的新型电子元器件。这种替代和淘汰过程将加快市场的结构调整，推动整个电子元器件市场朝着更加健康和有序的方向发展。

第四，产品更新的速度也在加快，要求企业能够快速开发和生产新产品，以适应电子整机产品和市场寿命不断缩短的趋势。随着市场需求的不断变化和科技的快速发展，电子元器件的更新换代速度也在不断加快。企业需要不断提高产品的创新能力和研发水平，加快产品的开发周期，以迅速响应市场的需求，保持竞争力。

二、新型电子元件的工艺

新型电子元件的制造工艺相比传统电子元件更为复杂，包括集成电路和微电子器件等。这些元件的制造过程涉及多种先进技术和工艺。

（一）集成电路的制造工艺

1. 晶圆制备

晶圆是制造集成电路的基础，通常由硅材料制成。晶圆的制备包括晶片生长、切割和抛光等工艺。晶片生长过程中需要控制温度、压力和材料纯度等参数，以确保晶片质量。

2. 光刻工艺

光刻工艺是制造集成电路中最关键的工艺之一，通过光刻机将图形投影到硅片表面，形成图案。光刻胶的选择和曝光条件的控制对图案的清晰度和精度有重要影响。

3. 沉积工艺

沉积工艺用于在硅片表面沉积各种材料，包括金属、多晶硅等，形成电路的导线、电极等部分。沉积过程需要控制沉积速率和均匀性，确保形成的材料具有良好的性能。

4.蚀刻工艺

蚀刻工艺用于去除不需要的材料，保留需要的部分。通过蚀刻工艺可以形成导线、晶体管等元件。蚀刻过程需要精确控制蚀刻液的成分和浓度，以及蚀刻时间和温度。

5.离子注入工艺

离子注入工艺用于改变硅片内部材料的性质，例如改变导电性能、形成 PN 结构等。离子注入过程需要精确控制离子的种类、能量和注入深度，以实现所需的材料性质变化。

6.封装工艺

封装工艺将制造好的芯片封装在塑料或陶瓷封装体中，并连接引线，形成成品集成电路。封装工艺需要考虑芯片与封装体的匹配性，以及封装的可靠性和稳定性。

（二）微电子器件的制造工艺

1.薄膜沉积工艺

微电子器件常采用薄膜沉积工艺，在基片表面沉积薄膜材料，形成电路的各个部分。薄膜沉积工艺包括物理气相沉积（PVD）、化学气相沉积（CVD）、溅射沉积等多种技术，用于形成导体、绝缘体和半导体层。

2.微影技术

微影技术用于制作微米级别的图形和结构，包括光刻、背膜刻蚀等工艺，用于形成器件的结构和形状。光刻技术通过光刻胶的光刻和显影，将图形转移到硅片表面，形成电路的图案。

3.离子注入工艺

离子注入工艺也常用于微电子器件的制造，用于改变器件内部材料的性质，如形成局部的掺杂区域。离子注入工艺通过控制离子的能量和注入深度，实现对半导体材料电性的调控。

4.微加工技术

微加工技术包括激光加工、离子束加工等，用于制作微米级别的结构和器件。激光加工技术通过激光束的聚焦，实现对材料的精细加工；离子束加工技术则通过控制离子束的能量和方向，实现对材料的精细刻蚀。

5.清洗和检测工艺

微电子器件制造过程中还包括清洗和检测工艺，用于去除表面污染物和检测器件性能。清洗工艺包括超声波清洗、化学清洗等，用于保证器件表面的干净；检测工艺包括电学特性测试、显微镜观察等，用于验证器件的性能和质量。

三、新型电子元件的发展前景

（一）继续扩大片式化、微小型化

虽然片式元件已经相当成熟，但有些电子元件仍未能片式化或者虽然可以进行表面贴装，但体积较大，满足不了电子产品轻、薄、小的要求。如磁性变压器、功率电感器、继电器、连接器、电位器、可调 R/L/C、铝/钽电解电容器、薄膜电容器、陶瓷滤波器、PPTCR 及一些敏感元件均属此类产品。人们正在努力解决这些问题。

（二）高频化高速化

电子产品向高频（微波波段）发展的趋势很强劲。此外，高速数字电路产品越来越多，这些进展都对电子元器件提出了更高的要求，如降低寄生电感、寄生国巨电容、提高自谐振频率、降低高频 ESR、提高高频 Q 值等。

（三）集成化

片式 R/L/C 是片式电子元件的主体，在数量上占到 90%。这些片式元件的封装尺寸已经缩小到 $0.6 \times 0.3 \times 0.3$ mm。这样微小的尺寸给制造和使用都带来了很多不便。多数人士认为封装尺寸已达极限，不必要再进一步缩小单个片式元件的封装尺寸了。那么发展方向何在？答案是向组件化、无源/有源元器件集成化发展。目前已经出现了各种 R/L/C 组合件，国外著名公司采用 LTCC（低温陶瓷共烧）技术、薄膜集成技术、PCB（印刷电路板）集成技术、MCM（多芯片组装）技术做出了多种无源/有源集成模块，并已付之应用，其发展前景不可限量。

（四）绿色化

在电子元件的制造过程中，往往使用大量有毒物料，如清洗剂、熔剂、焊料及某些原材料等。在电子元件成品中有时也含有有毒物质，如汞、铅、镉等。现在一些发达国家已经立法禁用这些有害物质，提倡绿色电子。我国电子元器件行业也面临这一课题，有大量的技术难关等待我们去攻克。

第四节　电子电路设计与分析

一、电子电路设计的基本原理和流程

（一）电子电路设计的基本原理

1.满足电路功能需求

电子电路设计的首要目标是满足特定的功能需求。这包括根据实际应用场景确定电路的功能，如信号放大、信号滤波、信号调制解调、数字信号处理等。在确定功能需求时，需要考虑电路的输入输出特性、性能指标、工作环境等因素。

2.选择合适的元件和参数

根据电路功能需求和性能指标，选择合适的电子元件是设计过程中的关键步骤。电子元件包括二极管、晶体管、电容器、电阻器等。在选择元件时，需要考虑元件的参数，如电阻值、电容值、工作电压、最大功率等，以确保元件能够正常工作并满足设计要求。

3.进行电路仿真和优化

电路仿真是设计过程中的重要环节，通过仿真可以分析电路的性能指标，如频率响应、幅度响应、相位响应等。在仿真过程中，可以对电路进行优化，调整元件参数和电路拓扑结构，以提高电路的性能和稳定性。优化的目标包括提高电路的增益、带宽、稳定性、降低失真等。

（二）电子电路设计的流程

1.确定电路功能需求

需要明确电路的功能要求，包括输入输出特性、性能指标等。这些需求将直接影响到后续设计的方向和方法。

2.选择电路拓扑结构

根据功能需求选择合适的电路拓扑结构，如放大电路选择放大器的类型、滤波电路选择滤波器的类型等。不同的拓扑结构适用于不同的功能需求。

3.选用元件和参数

根据电路拓扑结构和功能需求，选择合适的电子元件，并确定其参数，如电阻值、电容值等。元件的选择和参数的确定对电路的性能和稳定性有重要影响。

4.进行电路仿真和验证

利用电路仿真软件对设计的电路进行仿真，验证其性能指标是否符合要求。通过仿真可以快速评估设计方案的可行性，发现问题并进行调整。

5.优化设计

根据仿真结果进行设计优化，调整电路参数和拓扑结构，以达到设计要求。优化的目标包括提高电路的增益、带宽、稳定性，降低功耗和失真等。

6.实际电路实现

根据优化后的设计结果，搭建实际的电路原型，并进行实际测试和验证。实际电路实现是验证设计方案的关键步骤，可以发现仿真中未能考虑到的问题。

7.调试和改进

根据实际测试结果对电路进行调试和改进，以进一步优化电路性能。调试和改进过程可能需要多次迭代，直至达到设计要求。

8.完善设计文档

整理设计文档，包括电路原理图、元器件清单、性能指标表等，以备将来参考和修改。完善的设计文档对于设计的复现和改进具有重要意义。

二、电子电路分析的方法

（一）直流分析

1.直流分析概述

直流分析是电子电路中常用的一种分析方法，用于分析电路中的直流电压和电流，以确定电路中各个元件的直流工作点和稳态特性。直流分析的基本原理是根据欧姆定律和基尔霍夫电压定律，利用电路中的电阻、电源和电压源等元件进行分析。在直流分析中，电路中的电容被视为开路，电感被视为短路，从而简化了分析过程。直流分析的结果可以帮助设计者选择合适的元件参数，确保电路正常工作。

2.直流分析步骤

（1）确定电路拓扑结构

需要确定电路的拓扑结构，即电路中各个元件的连接方式和组成。电路拓扑结构的确定对于后续的分析和计算非常重要。

（2）列出电路方程

根据电路中各个元件的特性和连接方式，可以列出电路的基本方程。根据欧姆定律和基尔霍夫电压定律，可以得到各个节点的电压和电流之间的关系式。

（3）解电路方程

利用数学方法或电路分析软件，可以解出电路中各个节点的电压和电流值。通过求解电路方程，可以得到电路中各个元件的工作状态和参数。

（4）分析电路性能

根据直流分析的结果，可以分析电路的性能特点，如电路的电压、电流分布情况，各个元件的功率消耗等。这些分析可以帮助设计者优化电路结构，提高电路的性能和稳定性。

3.直流分析应用

直流分析广泛应用于电子电路的设计和分析中，特别是在直流稳压电源、放大器、滤波器等电路的设计中。通过直流分析，可以确保电路在正常工作条件下具有稳定的直流工作点，保证电路的性能和可靠性。同时，直流分析也是电子工程师理解和掌握电路基本原理的重要手段，对于提高电路设计水平和解决实际问题具有重要意义。

（二）交流分析

1.交流分析概述

交流分析是电子电路中常用的一种分析方法，用于分析电路在交流信号下的响应特性。在实际电子系统中，很多信号都是交流信号，因此交流分析对于设计和优化电子电路至关重要。交流分析考虑了电路中元件的阻抗、相位等参数，可以评估电路的频率响应，如增益、相位延迟等。

2.交流分析步骤

（1）确定交流信号频率

首先需要确定交流信号的频率范围，不同频率下电路的响应特性可能有所不同，因此需要针对性地进行分析。

（2）建立交流分析模型

根据电路的拓扑结构和元件特性，建立电路的交流分析模型。在交流分析中，电路中的元件通常被表示为复数形式，考虑了元件的阻抗和相位等参数。

（3）求解交流分析方程

利用电路分析工具或手工计算的方法，求解电路的交流分析方程。通过求解方程，可以得到电路中各个节点的电压和电流值。

（4）分析电路频率响应

根据求解结果，分析电路的频率响应特性，包括增益、相位延迟、带宽等参数。这些分析可以帮助设计者评估电路的性能，并进行优化。

3.交流分析应用

交流分析在电子电路设计中有着广泛的应用。在放大器设计中，交流分析可以评估放大器的增益和频率响应，在滤波器设计中，交流分析可以评估滤波器的截止频率和衰减特性。此外，在通信系统、功率电子和控制系统等领域，交流分析也是不可或缺的工具。

（三）小信号分析

1.小信号分析概述

小信号分析是电子电路中常用的一种分析方法，用于分析电路对小信号的响应特性。在实际电子系统中，很多信号都可以近似看作是小信号，因此小信号分析对于设计和优化电子电路至关重要。小信号分析的基本原理是在直流工作点附近对电路进行线性化处理，将非线性元件模型化为线性等效电路，从而简化了分析过程。

2.小信号分析步骤

（1）确定直流工作点

需要确定电路的直流工作点，即各个元件的电压和电流值。直流工作点是小信号分析的基础，确定了电路在正常工作条件下的基本状态。

（2）线性化处理

在直流工作点附近，将电路中的非线性元件模型化为线性等效电路，通常使用泰勒级数展开的方法进行线性化处理。线性化处理可以简化电路的分析过程，使得计算更加方便。

（3）求解小信号模型

根据线性化处理后的电路模型，可以求解电路对小信号的响应。通过求解小信号模型，可以得到电路的放大倍数、带宽等参数。

3. 小信号分析应用

小信号分析在电子电路设计中有着广泛的应用。在放大器设计中，小信号分析可以评估放大器的放大倍数和频率响应，在振荡器设计中，小信号分析可以评估振荡器的稳定性和输出波形。此外，在通信系统、控制系统等领域，小信号分析也是不可或缺的工具。

第五节　电子系统结构与功能

一、电子系统的基本结构和功能

（一）电子系统的基本结构

1. 输入端

输入端是电子系统的重要组成部分，其主要功能是接收外部信号并将其转换为电子系统可处理的信号形式。输入端可以包括各种传感器、输入设备等，具体类型取决于电子系统的应用场景。例如，在智能家居系统中，输入端可以是温度传感器、光感应器等，用于感知环境信息。

2. 处理器

处理器是电子系统的核心部件，负责对输入信号进行处理和分析。处理器可以是单片机、微处理器或专用的数字信号处理器（DSP）。其主要功能包括数据处理、控制等。处理器通过算法和指令集来实现对输入信号的处理，如滤波、编解码、运算等。

3. 输出端

输出端是电子系统将处理后的信号输出的接口，可以是各种显示器、执行器等。输出端负责将处理后的信号转换为人类可读或可用的形式。例如，在监控系统中，输出端可以是显示屏，用于显示监控画面；在自动控制系统中，输出端可以是执行器，用于实现对设备或系统的控制。

4. 其他部件

除了输入端、处理器和输出端，电子系统还包括供电部分、时钟部分、存储部分等。供电部分提供系统所需的电源，时钟部分提供系统所需的时钟信号，存储部分用于存储系统所需的数据和程序。这些部分共同构成了电子系统的基本结构，保证了系统的正常运行和功能实现。

（二）电子系统的基本功能

1. 信号处理

信号处理是电子系统的核心功能之一，其涉及对各种类型的信号进行采集、处理、分析和传输的过程。其目的在于从输入信号中提取出有用的信息，并根据需要进行滤波、放大、编码、解调等处理，以便后续的数据处理或控制操作。信号处理技术广泛应用于通信、音视频处理、生物医学工程、雷达系统等领域。

在信号处理中，常用的技术包括模拟信号处理和数字信号处理。模拟信号处理主要涉及对连续时间的模拟信号进行处理，包括放大、滤波、混频等操作。通过模拟信号处理，可以改善信号的质量和可靠性，提高系统的性能。数字信号处理则是将模拟信号转换为数字信号，再进行数字化处理。数字信号处理具有灵活性强、抗干扰能力高等优点，常用于现代通信系统、音视频处理系统等。

在数字信号处理中，常用的技术包括数字滤波、快速傅里叶变换（FFT）、数字调制解调等。数字滤波可以根据需要对信号进行滤波处理，去除噪声或选择特定频率的信号；快速傅里叶变换可以实现对信号的频域分析，用于频谱分析和频率检测；数字调制解调则是将数字信号转换为模拟信号或将模拟信号转换为数字信号的过程，常用于通信系统中信号的调制与解调。

2. 数据存储

数据存储是电子系统中至关重要的功能之一，它涉及将处理后的数据进行存储、读取和管理的过程。数据存储可以采用多种形式，包括内部存储器（如RAM、ROM、闪存等）和外部存储器（如硬盘、光盘、固态硬盘等），根据数据的性质和用途选择合适的存储介质。

在电子系统中，数据存储起着至关重要的作用。它不仅可以用于临时存储处理后的数据，还可以用于长期存储和备份数据，以及提供数据共享和访问服务。数据存储的选择取决于数据的性质、存储需求和系统设计的要求。内部存储器通常用于存储临时数据和程序代码，具有快速读写速度和易于集成的优点；而外部存储器则用于存储大量数据和长期存储，具有较大的存储容量和数据安全性。

数据存储在现代电子系统中有着广泛的应用。在计算机系统中，数据存储被用于存储操作系统、应用程序和用户数据；在嵌入式系统中，数据存储用于存储控制程序、配置数据和采集的传感器数据；在通信系统中，数据存储用于存储通信记录和用户信息等。数据存储的可靠性和性能直接影响着系统的运行效率和数据处理能力，因此在系统设计和应用中应当合理选择和配置数据存储器件，以满足系统的性能和安全要求。

3. 通信

通信是电子系统与外部环境交互的重要方式，它涉及电子系统与其他系统或设备之间进行数据交换和通信的过程。通信可以通过有线或无线的方式进行，常用的通信技术包括以太网、Wi-Fi、蓝牙、红外线等。

随着通信技术的不断发展，电子系统可以实现远程监控、远程控制、远程协作等功能，极大地拓展了电子系统的应用领域和功能。例如，在工业控制领域，通过现代通信技术，可以实现对远程设备的监控和控制，提高了生产效率和安全性；在智能家居领域，通过无线通信技术，可以实现家庭设备的远程控制和智能化管理，提高了家居生活的便利性和舒适性。

通信技术的不断进步和应用推动了电子系统的发展，使其在各个领域发挥着越来越重要的作用。未来，随着物联网、5G等新技术的发展，通信技术将继续深化和创新，为电子系统的应用带来更多的可能性和机遇。因此，在电子系统的设计和应用中，充分利用和发展通信技术，将有助于提高系统的性能和功能，推动整个行业的发展和进步。

4.控制

控制是电子系统对外部设备或系统进行控制和调节的重要功能，其涉及对外部设备或系统的状态进行监测和反馈，并根据需要进行控制和调节的过程。控制可以是自动化的，也可以是手动的，取决于系统的设计和要求。

在电子系统中，控制具有广泛的应用。在工业自动化领域，控制系统可以实现对生产线的自动控制，提高生产效率和产品质量；在机器人控制领域，控制系统可以实现对机器人运动和动作的精确控制，完成各种复杂任务；在航空航天领域，控制系统可以实现对飞行器的姿态控制和飞行路径规划，保证飞行安全；在家庭自动化领域，控制系统可以实现对家庭设备的远程控制和智能化管理，提高家居生活的便利性和舒适性。

控制技术的发展推动了电子系统的智能化和自动化，使其在各个领域发挥着越来越重要的作用。未来，随着人工智能、物联网等新技术的发展，控制技术将继续创新和深化，为电子系统的应用带来更多的可能性和机遇。因此，在电子系统的设计和应用中，充分发挥和应用控制技术，将有助于提高系统的性能和功能，推动整个行业的发展和进步。

二、不同类型电子系统的特点和应用场景

（一）嵌入式系统的特点和应用场景

嵌入式系统是一种集成了计算机硬件和软件的特定功能系统，通常被嵌入其他设备或系统中，以实现特定的功能或控制任务。嵌入式系统具有体积小、功耗低、性能高等特点，适用于对系统体积、功耗和性能有严格要求的应用场景。嵌入式系统广泛应用于消费电子、工业控制、汽车电子、医疗设备等领域。

在消费电子领域，嵌入式系统被广泛应用于智能手机、平板电脑、智能家居等产品中，为用户提供丰富的功能和便利的体验。在工业控制领域，嵌入式系统被应用于工厂自动化、机器人控制、传感器网络等方面，提高了生产效率和产品质量。在汽车电子领域，嵌入式系统被应用于车载信息系统、驾驶辅助系统等

方面，提升了驾驶体验和安全性。在医疗设备领域，嵌入式系统被应用于医疗影像、生命体征监测等方面，提高了医疗服务的质量和效率。

（二）智能传感网的特点和应用场景

智能传感网是一种由大量分布式传感器节点组成的网络系统，具有分布式、自组织、自适应等特点，用于实时监测和感知环境中的各种信息。智能传感网广泛应用于环境监测、智能交通、农业监测等领域。

在环境监测领域，智能传感网被应用于空气质量监测、水质监测、地质监测等方面，实时监测环境中的各种参数，为环境保护和资源管理提供数据支持。在智能交通领域，智能传感网被应用于交通流量监测、智能路灯控制、智能停车管理等方面，提高了交通系统的效率和安全性。在农业监测领域，智能传感网被应用于土壤湿度监测、作物生长监测、气象监测等方面，提高了农业生产的效率和产量。

第三章　智能系统基础

第一节　人工智能基础

一、人工智能的基础概念

人工智能（Artificial Intelligence，AI）的基础概念涵盖了感知、推理、学习和交互等方面，这些概念构成了人工智能系统的核心特征和功能。感知是指人工智能系统通过传感器等设备获取外部环境的信息，如图像、声音、触觉等多种形式，使得系统能够感知并理解周围环境。推理是指人工智能系统基于获取的信息进行逻辑推理、模式匹配等思维过程，从而得出结论或做出决策。学习是指机器能够通过从数据中学习和调整自身的行为和决策策略。交互是指机器能够与人类用户进行有效地沟通和交流。

人工智能的基础概念是实现人工智能系统智能化的关键，各个方面相互交织，共同构成了人工智能系统的核心。感知和推理为人工智能系统提供了获取和处理信息的能力，学习使得系统能够从经验中提高自身的性能，交互则使得系统能够更好地与人类用户进行沟通和合作。随着人工智能技术的不断发展，人工智能系统在感知、推理、学习和交互等方面的能力将会不断提升，为人类社会带来更多的便利和改变。人工智能的发展还面临着许多挑战，如数据安全和隐私保护、算法公平性和透明度等，需要不断探索和解决。因此，深入理解人工智能的基础概念，对于把握人工智能技术的发展方向和应用前景具有重要意义。

二、人工智能的发展历程

人工智能的发展历程可以追溯到 20 世纪 50 年代，当时科学家们开始研究如何让机器具备智能。经过数十年的研究和发展，人工智能得到了快速发展。

（一）20 世纪 50 至 60 年代：逻辑推理和问题解决

在此时期，人工智能研究主要集中在机器逻辑推理和问题解决能力的开发上。逻辑推理是通过编写规则和条件，让机器模拟人类的推理过程。而问题解决则是通过编写算法，使机器能够解决特定领域的问题。

（二）20 世纪 70 至 80 年代：专家系统和知识表示

在此时期，科学家们开发了专家系统，它是通过将专家的知识和经验编码到机器中，来解决特定领域问题的系统。知识表示则是研究如何将人类的知识和经验用计算机能够理解和处理的方式来表示。

（三）20 世纪 90 年代至 21 世纪初期：机器学习和数据驱动

在此时期，机器学习成为人工智能的重要研究方向。机器学习通过使用大量的数据和统计分析方法，使机器能够从数据中学习和进行预测。此外，神经网络和深度学习的发展也取得了重要突破，使得机器能够进行复杂的模式识别和语音识别。

（四）2010 年至今：大数据和自然语言处理

近年来，随着大数据技术的快速发展，人工智能在很多领域取得了重大突破。大数据技术提供了更多的数据资源，使机器能够进行更准确地分析和预测。此外，自然语言处理的进展也极大地提高了机器与人类的交互能力，如智能助理和机器翻译等。

第二节　机器学习

在智能系统中，机器学习是人工智能的一个关键领域，通过让计算机从数据中学习模式和规律，从而实现智能化。机器学习根据学习方式可分为监督学习、无监督学习、强化学习等不同类型，各有其独特的应用和算法。

一、监督学习

（一）监督学习的定义

监督学习是一种机器学习方法，其基本思想是通过给计算机提供带有标签的训练数据，让计算机学习输入和输出之间的映射关系。具体而言，监督学习的目标是根据输入变量（特征）预测输出变量（标签），并且在学习过程中不断调整模型参数，使模型能够对新的输入数据进行正确的分类或预测。

（二）监督学习的应用

1.监督学习在图像识别中的应用

通过给模型提供大量带有标签的图像数据，监督学习使得计算机能够学习到不同物体的特征，从而实现准确地识别。其中，人脸识别是监督学习在图像识别中的一个重要应用。在人脸识别领域，监督学习的模型通过学习大量带有标签的人脸图像，可以准确地识别人脸，并且在识别过程中还能够考虑到人脸的姿态、表情等因素，提高识别的准确性。另外，监督学习还可以用于车辆识别。通过训练模型学习不同车辆的特征，监督学习可以实现对车辆的准确识别，这在交通管理和安全监控中具有重要意义。总的来说，监督学习在图像识别中的应用为我们提供了强大的工具，使得计算机能够模仿人类的视觉系统，实现对图像的准确理解和识别。

2.监督学习在语音识别中的应用

语音识别是指通过机器识别和理解语音信号的过程，其应用涵盖了语音指令识别、语音转文字等多个领域。监督学习通过给模型提供大量带有标签的语音数据，使得计算机能够学习到语音信号的特征，并且将其映射到文字或特定的语音命令。在语音识别中，监督学习的模型可以通过学习带有标签的语音数据集，逐渐优化模型参数，从而提高对不同说话者的语音识别准确率。举例来说，智能助手中的语音识别功能就是一个典型的应用场景。用户可以通过语音向助手发出指令或提出问题，助手会通过语音识别技术将语音转换成文字，并进行相应的操作或回答。这种基于监督学习的语音识别技术在改善用户体验、提高工作效率等方面发挥着重要作用。除了智能助手，语音识别技术还广泛应用于语音助手、汽车语音识别、语音翻译等领域，为人们的生活和工作带来了便利。因此，监督学习在语音识别中的应用具有重要意义，为语音识别技术的发展提供了坚实的基础。

3.监督学习在自然语言处理中的应用

监督学习在自然语言处理（NLP）中发挥着重要作用，为处理和理解人类语言提供了强大的工具。NLP旨在使计算机能够理解、处理和生成自然语言文本，涉及诸如文本分类、情感分析、机器翻译、问答系统等多个任务。监督学习通过使用带有标签的语料库来训练模型，使其能够根据输入文本生成相应的输出，从而实现不同的自然语言处理任务。

一个重要的应用领域是机器翻译。监督学习可以用于训练翻译模型，使其能够将一种语言的文本翻译成另一种语言。通过给模型提供大量的平行语料（即同一段文本的两种语言版本），监督学习可以帮助模型学习到两种语言之间的映射关系，从而实现准确的翻译。

另一个重要的应用是对话系统。监督学习可以用于训练对话模型，使其能够理解用户的输入并生成合适的回复。通过给模型提供带有标签的对话数据，监督学习可以帮助模型学习到对话的语言模式和逻辑，从而实现自然流畅的对话生成。

此外，监督学习还可以用于文本分类、命名实体识别、关系抽取等任务。通过给模型提供带有标签的训练数据，监督学习可以帮助模型学习到不同类型文本之间的差异和关系，从而实现准确的文本分类和信息抽取。

（三）监督学习的算法

1.决策树

决策树（Decision Tree）通过构建树形结构来表示不同的决策路径，并根据输入数据的特征逐步向下分裂，最终达到对样本进行分类或回归的目的。

在决策树中，每个内部节点表示一个特征或属性，用于对输入数据进行划分。通过比较不同特征的重要性或信息增益，决策树可以确定最优的划分特征，并将数据分配到对应的子节点中。这个过程持续进行，直到达到叶节点，叶节点对应着数据的最终分类或回归结果。

决策树的构建过程可以采用不同的算法，如 ID3 算法、C4.5 算法、分类与回归树（CART）算法等。其中，ID3 算法基于信息增益来选择最优特征，C4.5 算法则引入了信息增益比来解决特征取值数目不同造成的偏向性问题，而 CART 算法则既可以用于分类也可以用于回归任务。

决策树具有易于理解和解释、能够处理非线性关系、对缺失值不敏感等优点，但也存在容易过拟合、对数据噪声敏感等缺点。为了解决过拟合问题，可以采用剪枝技术或者集成学习方法，如随机森林和梯度提升树等。

2. 支持向量机

支持向量机（Support Vector Machine，SVM）是一种经典的机器学习算法，被广泛应用于分类和回归问题。其核心思想是在特征空间中找到一个最优的超平面，将不同类别的数据点分隔开，使得同一类别的数据点尽可能靠近这个超平面，不同类别的数据点则尽可能远离这个超平面。这个最优超平面由距离超平面最近的一些训练样本点决定，这些样本点被称为支持向量。

对于线性可分的数据集，支持向量机可以直接在原始特征空间中找到一个线性超平面将数据分开。但是对于非线性可分的数据集，支持向量机通过使用核技巧（kernel trick），将数据映射到高维特征空间中，使得数据在这个高维空间中变得线性可分。常用的核函数包括线性核、多项式核、高斯核等，不同的核函数可以用来处理不同类型的数据集。

支持向量机的优化目标是最大化间隔（margin），即最大化支持向量到超平面的距离，同时要求分类误差尽可能小。为了防止过拟合，支持向量机还引入了正则化参数，用来平衡间隔的最大化和分类误差的最小化。正则化参数越大，模型对于训练数据的拟合越好，但可能导致泛化能力下降。

支持向量机具有很好的泛化能力和鲁棒性，在处理小样本、非线性和高维数据方面表现出色。然而，支持向量机的计算复杂度较高，在处理大规模数据集时需要考虑计算效率。此外，支持向量机对于核函数的选择和参数的调节比较敏感，需要根据具体问题进行合理选择。

3. 神经网络

神经网络（Neural Network）是一种模拟人脑神经元网络结构的机器学习模型，其结构由多个神经元组成，分为输入层、隐藏层和输出层。每个神经元接收来自上一层神经元的输入，并通过激活函数将加权输入转换为输出。神经网络通过调整神经元之间的连接权重，以及选择合适的激活函数，可以学习输入和输出之间的复杂映射关系。

在神经网络中，每个连接都有一个权重，用来调节输入的重要性。神经网络的训练过程就是通过反向传播算法，根据实际输出和期望输出之间的误差来调整连接权重，从而逐渐优化网络模型，使其能够更准确地预测或分类数据。

神经网络可以用于解决各种机器学习问题，如分类、回归、聚类等。在图像识别领域，卷积神经网络（CNN）已经取得了很大的成功，能够实现对图像中物体的识别和分类。在自然语言处理领域，循环神经网络（RNN）和长短期记忆网络（LSTM）等模型被广泛应用于语言模型和机器翻译等任务。

神经网络的优点包括能够处理复杂的非线性关系、具有良好的泛化能力、可以自动学习特征表示等。然而，神经网络也存在一些挑战，如需要大量的训练数据、训练时间较长、模型结构和超参数的选择比较困难等。

二、无监督学习

（一）无监督学习的定义

无监督学习是一种机器学习方法，其特点是从无标签数据中学习数据结构和规律，而无需预先定义类别。与监督学习不同，无监督学习的目标通常是发现数据中的隐藏模式、结构或关系，从而帮助我们更好地理解数据并进行进一步的分析和应用。

（二）无监督学习的应用

1.数据挖掘中的应用

无监督学习在数据挖掘中发挥着重要的作用，通过对数据集进行无监督学习，可以帮助发现数据中的隐藏模式和规律，为决策提供重要参考。

聚类是无监督学习中常用的技术之一，在数据挖掘中有着广泛的应用。聚类算法旨在将数据集中相似的数据点归为一类，不同类之间的数据点则尽可能不相似。聚类可以帮助我们理解数据的分布情况，发现数据中的群集和簇结构，从而揭示数据内在的规律和关联性。例如，在市场营销中，可以使用聚类分析来识别具有相似购买行为的顾客群体，从而制定针对性的营销策略；在医学领域，可以使用聚类分析来对病人进行分类，帮助医生诊断和治疗疾病。

另一个常见的无监督学习技术是关联规则挖掘。关联规则挖掘旨在发现数据中项之间的关联关系，帮助我们了解数据中的相关性和规律性。例如，在零售业中，可以使用关联规则挖掘来发现顾客购买商品的关联性，从而进行交叉销售和促销活动。

除了聚类和关联规则挖掘，无监督学习还可以应用于异常检测、维度简约等领域。总的来说，无监督学习在数据挖掘中扮演着重要角色，为我们揭示数据中的潜在信息，为决策提供支持。随着数据量的不断增加和数据复杂性的提高，无监督学习在数据挖掘中的应用前景将更加广阔。

2. 推荐系统中的应用

推荐系统是一种利用用户的历史行为数据和个人偏好信息，为用户提供个性化推荐的技术。无监督学习在推荐系统中扮演着重要的角色，通过对用户行为数据进行聚类分析，可以将用户分为不同的群体，从而为每个群体推荐合适的内容，提高推荐系统的效果和用户满意度。

在推荐系统中，聚类分析可以帮助识别具有相似行为模式和兴趣偏好的用户群体。通过对用户行为数据（如点击、购买、评分等）进行聚类，可以将用户划分为不同的群体，每个群体代表着一类用户，他们具有相似的兴趣和行为特征。对于每个用户群体，可以针对其特点设计个性化的推荐策略，从而提高推荐的准确性和用户的满意度。

另外，无监督学习还可以应用于推荐系统中的关联规则挖掘。关联规则挖掘可以发现用户行为数据中的项之间的关联关系，帮助推荐系统发现用户的潜在兴趣。例如，通过挖掘用户购买历史数据中的关联规则，可以发现用户之间购买商品的相关性，从而为用户提供更有针对性地推荐。

3. 信号处理中的应用

在信号处理领域，无监督学习可以应用于多个方面，帮助我们更好地理解和处理各种类型的信号数据。

一种常见的应用是信号降维。信号通常具有高维度和复杂性，降维算法可以帮助我们从这些复杂的信号数据中提取出关键特征，减少数据的维度，同时保留最重要的信息。这样可以简化信号处理的过程，并提高处理效率。例如，在语音信号处理中，降维算法可以帮助我们提取出语音中的重要特征，如语音的频率、音调等，从而实现语音识别和语音合成等应用。

另一个应用是信号分类和聚类。通过无监督学习算法，可以将信号数据分成不同的类别或群组，帮助我们理解信号数据的结构和特征。这对于识别和分析复杂信号数据非常有用，如在无线通信中识别不同的调制方式，或在生物医学领域中识别不同类型的生物信号等。

此外，无监督学习还可以用于信号去噪和信号恢复。去噪算法可以帮助我们从噪声干扰中提取出原始信号，恢复信号的清晰度和准确性。这在很多实际应用中都有着重要的意义，如在雷达信号处理中提高目标探测的准确性，在生物医学图像处理中提高图像的清晰度等。

（三）无监督学习的算法

1. 聚类算法

聚类算法（Clustering）是无监督学习中的重要技术，用于将数据集中的样本分成若干组，使得同一组内的样本之间的相似度较高，而不同组之间的相似度较低。聚类算法的目标是发现数据的内在结构，并将数据进行有效地组织和分组，从而帮助我们理解数据的特征和规律。

K 均值聚类是最常用的聚类算法之一，其基本思想是将数据集分成 K 个簇，每个簇代表一个类别，通过迭代优化簇的中心点，使得样本到其所属簇中心点的距离最小化。K 均值聚类简单易实现，适用于大规模数据集，但对初始聚类中心点的选择较为敏感，且无法处理非凸形状的簇。

另一个常见的聚类算法是层次聚类，它根据数据点之间的相似度逐步将数据进行分组，形成层次化的聚类结果。层次聚类可以分为凝聚式和分裂式两种方法。凝聚式层次聚类从单个数据点开始，逐渐合并相似的簇，直到所有数据点合并成一个簇；而分裂式层次聚类从所有数据点作为一个簇开始，逐渐将簇分裂成更小的子簇，直到每个数据点都成为一个簇。层次聚类的优点是可以形成层次化的聚类结果，能够同时得到不同层次的聚类结构，但计算复杂度较高，不适用于大规模数据集。

除了 K 均值聚类和层次聚类，还有许多其他聚类算法，如 DBSCAN（Density-Based Spatial Clustering of Applications with Noise）、OPTICS（Ordering Points To Identify the Clustering Structure）等。这些算法在不同的数据集和场景下有着各自的优缺点，可以根据实际问题选择合适的算法进行应用。

2.降维算法

降维算法（Dimensionality Reduction）在机器学习和数据分析中扮演着重要的角色，它可以帮助我们理解数据的结构和特征，同时减少数据的维度，提高计算效率和模型的泛化能力。降维算法的核心思想是通过保留数据的主要信息，将高维数据映射到低维空间，尽可能地减少数据的冗余性和噪声。

主成分分析（Principal Component Analysis，PCA）是最常用的降维算法之一。PCA通过线性变换将原始数据映射到一个新的坐标系中，新坐标系的基向量是原始数据的主成分，这些主成分是原始数据中方差最大的方向。通过选择前几个主成分，我们可以实现将高维数据映射到低维空间的目的，同时保留了大部分原始数据的信息。

另一个常见的降维算法是t分布邻近嵌入（t-distributed Stochastic Neighbor Embedding，t-SNE）。t-SNE是一种非线性降维算法，它可以将高维数据映射到二维或三维空间，以便进行可视化。t-SNE通过保持高维空间中样本之间的相似性关系，在低维空间中保持这种相似性关系，从而实现了高维数据的降维和可视化。

除了PCA和t-SNE，还有许多其他降维算法，如线性判别分析（Linear Discriminant Analysis，LDA）、自编码器（Autoencoder）等。这些算法在不同的场景和数据集上有着各自的优缺点，可以根据具体的问题和需求选择合适的算法进行应用。

3.关联规则挖掘算法

关联规则挖掘算法（Association Rule Mining）是数据挖掘领域的重要技术，旨在发现数据集中项之间的关联关系。这些关联关系可以帮助我们了解数据中的隐藏模式和规律，从而为决策和预测提供支持。关联规则通常表示为"A → B"，其中A和B分别是项集，表示在数据集中同时出现的两个项之间存在关联关系。

关联规则挖掘的核心是找出频繁项集，即在数据集中频繁出现的项组合。这里的频繁指的是出现的次数超过了预先设定的阈值（支持度阈值）。通过找出频繁项集，可以进一步生成关联规则，并计算这些规则的置信度（confidence），用于衡量规则的可靠程度。

关联规则挖掘算法的一个经典应用是购物篮分析（Market Basket Analysis），即分析顾客购物篮中商品之间的关联关系。通过挖掘不同商品之间的关联规则，商家可以了解顾客的购买习惯和偏好，从而制定更有效的促销策略和商品搭配方案。

常见的关联规则挖掘算法包括 Apriori 算法和 FP-growth 算法。Apriori 算法是一种基于迭代的算法，通过生成候选项集并逐步减少搜索空间来发现频繁项集。FP-growth 算法则采用了一种基于树结构的方法，在构建频繁模式树的过程中避免了生成候选项集的步骤，从而提高了算法的效率。

关联规则挖掘算法在市场营销、电子商务、生物信息学等领域都有着重要的应用。随着数据规模的不断增加和算法的不断改进，关联规则挖掘算法的研究和应用前景将更加广阔。

三、强化学习

（一）强化学习的定义

强化学习是一种机器学习方法，其特点是通过与环境交互来学习最优行为策略。在强化学习中，智能体（Agent）通过观察环境的状态（State）和采取行动（Action）来获取奖励（Reward），并根据奖励的反馈来调整自己的策略，以使得长期累积奖励最大化。

（二）强化学习的应用

1. 游戏领域中的应用

在游戏领域，强化学习是一种强大的技术，已经被广泛应用于各种类型的游戏中，从传统的棋类游戏到现代的电子游戏。强化学习通过与环境的交互学习最优的行为策略，在游戏中可以帮助玩家或者游戏智能体实现更高水平的表现。

在电子游戏领域，强化学习也被广泛应用。例如，在实时战略游戏中，强化学习可以用于训练游戏智能体来制定战略和执行操作，使其具有更强的游戏技能和反应能力。在动作类游戏中，强化学习可以用于训练游戏角色学会避开障碍物、攻击敌人等动作，提高游戏的真实感和趣味性。

2. 机器人控制中的应用

在机器人控制领域，强化学习是一种强大的技术，已经被广泛应用于训练机器人执行各种任务。通过强化学习，机器人可以从与环境的交互中学习到最优的控制策略，从而实现更高水平的任务执行能力。

一种常见的应用是在机器人导航和路径规划中。通过强化学习，机器人可以学习到在复杂环境中的最优移动策略，从而实现高效的路径规划和避障。这种技术在无人车、无人机等领域有着广泛的应用，可以帮助机器人在复杂环境中安全、高效地行动。

另一个重要的应用是在机器人操作中。例如，在工业机器人中，强化学习可以帮助机器人学习到如何精确地抓取和搬运物体，从而提高生产效率和质量。在服务机器人中，强化学习可以帮助机器人学习到如何与人类进行自然交互，实现更智能、更人性化的服务。

强化学习在机器人控制中的应用还涉及涉及许多其他领域，如机器人足球、航空航天等。通过不断地与环境交互和学习，机器人可以逐渐提高自己的控制能力，实现更加复杂和高级的任务。这些应用不仅推动了机器人技术的发展，也为人类创造了更多的便利和可能性。

3. 金融交易中的应用

在金融交易领域，强化学习被广泛应用于开发自动化交易系统，帮助投资者进行更有效的交易决策。强化学习通过分析市场数据和交易结果，可以不断优化交易策略，以获取更高的收益和降低风险。

一种常见的应用是在股票交易中。强化学习可以帮助投资者分析历史股票数据和市场变化，从中学习到有效的交易策略。例如，可以通过强化学习来确定买入和卖出股票的时机，以及确定交易的数量和频率，从而最大化投资收益。

另一个重要的应用是在期货交易中。强化学习可以帮助交易员分析市场趋势和价格波动，从而制定有效的期货交易策略。通过强化学习，交易员可以根据市场情况调整交易策略，以获取更高的利润和降低交易风险。

强化学习在金融交易中的应用还涉及涉及许多其他领域，如外汇交易、期权交易等。通过不断地学习和优化交易策略，强化学习可以帮助投资者在复杂的金融市场中做出更明智的决策，从而实现更好的投资回报率。这些应用不仅提高了交易效率和准确性，也为金融市场的稳定和发展做出了贡献。

（三）强化学习的算法

1. Q 学习

Q 学习（Q-Learning）是一种经典的强化学习算法，被广泛应用于解决各种决策问题。其核心思想是通过学习一个状态—动作值函数（Q 函数），来指导智能体在环境中选择最优的动作。

在 Q 学习中，智能体通过不断与环境交互，观察状态、选择动作、获得奖励，然后根据观察到的奖励更新 Q 值。具体来说，Q 值表示在特定状态下选择特定动作的价值，即预期未来累积奖励的期望值。通过不断更新 Q 值，智能体可以学习到在每个状态下选择最优动作的策略。

Q 学习的优点之一是其简单性和易于实质性。由于不需要对环境进行建模，Q 学习可以直接从环境中获取奖励信号，并通过奖励信号来更新 Q 值。这使得Q 学习在实际应用中具有较高的灵活性和适用性。

然而，Q 学习也存在一些挑战和局限性。例如，Q 学习在面对大规模状态空间时往往会面临维度灾难问题，因为需要维护和更新每个状态 - 动作对的 Q 值。为了解决这个问题，可以使用函数逼近方法（如神经网络）来近似 Q 值函数，从而扩展 Q 学习的应用范围。

2. 策略梯度

在策略梯度（Policy Gradient）方法中，智能体通过计算策略在状态空间中的梯度，并沿着梯度方向更新策略参数，以逐步改进策略，提高长期累积奖励。

策略梯度方法具有一些优点，例如可以直接处理连续动作空间和随机策略等问题。此外，策略梯度方法还可以应用于具有高度非线性和复杂性的任务中，如机器人控制和游戏玩法。

然而，策略梯度方法也存在一些挑战和局限性。例如，由于需要通过采样来估计梯度，因此可能会导致估计的方差较大，从而影响算法的收敛性和效率。为了解决这个问题，可以采用一些技术来减小方差，如基线技术和重要性采样等。

第三节 深度学习

在智能系统中，深度学习作为机器学习的一种重要方法，具有广泛的应用。其核心原理是构建多层神经网络模型，通过多层次的特征提取和表示学习，实现对数据的高级抽象和复杂特征的学习。深度学习结构通常包括输入层、隐藏层和输出层，其中隐藏层可以有多层，通过不断优化网络参数，使得网络能够准确地进行分类、识别等任务。

一、深度学习的基本原理

深度学习是机器学习领域中一种重要的方法，其核心是构建多层神经网络模型，通过多层次的特征提取和表示学习，实现对数据的高级抽象和复杂特征的学习。深度学习结构通常包括输入层、隐藏层和输出层，其中隐藏层可以有多层，通过不断优化网络参数，使得网络能够准确地进行分类、识别等任务。

（一）神经网络模型的基本结构

神经网络模型的构建借鉴了人类神经系统的结构和工作原理，通过多层次的神经元组成复杂的网络结构，实现对数据的高级抽象和复杂特征的学习。

1. 神经元和激活函数

神经元是神经网络的基本单元，每个神经元接收来自上一层神经元的输入，并通过激活函数处理后将结果传递给下一层。激活函数通常是非线性的，如 Sigmoid 函数、ReLU 函数等，这样可以增加网络的表达能力，使得神经网络可以学习和表示更加复杂的函数关系。

2. 多层神经网络

神经网络通常由多个隐藏层组成，每个隐藏层包含多个神经元。隐藏层的作用是逐层提取和处理数据特征，将原始数据转化为更加抽象和有意义的表示，最终输出给输出层进行分类、识别等任务。隐藏层的数量和神经元的数量是根据具体问题和数据集来确定的，通过不断训练和优化网络参数，使得网络能够更好地拟合数据和学习特征。

3.反向传播算法

反向传播算法是训练神经网络的关键技术，通过计算网络输出与真实值之间的误差，并反向传播更新网络参数，使得网络输出与真实值之间的误差最小化。反向传播算法主要包括前向传播和反向传播两个过程，前向传播是指将输入数据从输入层传递到输出层，计算网络输出；反向传播是指根据计算得到的误差，反向更新网络参数，不断优化网络模型。

（二）深度学习的核心技术

深度学习作为机器学习的一种重要方法，在人工智能领域得到了广泛应用。其核心技术包括多层神经网络模型、激活函数、损失函数等，这些技术共同构成了深度学习的基本框架和工作流程。

1.多层神经网络模型

深度学习的核心是多层神经网络模型，它由多个神经元组成的层级结构构成，通常包括输入层、隐藏层和输出层。每个神经元接收来自上一层神经元的输入，并通过激活函数处理后将结果传递给下一层。通过多层神经网络模型，可以实现对数据的高级抽象和复杂特征的学习。

2.激活函数

激活函数是神经网络中非常重要的组成部分，它的作用是引入非线性因素，增加网络的表达能力。常见的激活函数包括 Sigmoid 函数、ReLU 函数等，它们能够将神经元的输出限制在一定范围内，使得神经网络可以学习和表示更加复杂的函数关系。

3.损失函数

损失函数用于衡量模型预测值与真实值之间的差异，是深度学习模型优化的目标函数。常见的损失函数包括均方误差（MSE）、交叉熵等，不同的损失函数适用于不同类型的问题。优化算法通过不断调整网络参数，使得损失函数的值最小化，从而提高模型的准确性和泛化能力。

二、深度学习的应用

（一）图像识别

1.卷积神经网络

卷积神经网络（CNN）是深度学习中用于图像识别的重要模型。通过卷积层、池化层和全连接层等结构，CNN可以从图像中提取特征，并进行分类和识别。例如，CNN在人脸识别领域被广泛应用，能够准确地识别图像中的人脸，并进行性别识别、表情分析等任务。

2.图像分类与检测

深度学习在图像分类和检测领域也有着重要的应用。通过训练深度学习模型，可以实现对图像中物体的识别和定位。例如，在无人驾驶领域，深度学习可以识别道路、车辆和行人等，帮助汽车做出相应的决策。

（二）语音识别

1.循环神经网络

循环神经网络（RNN）是深度学习中用于处理序列数据的重要模型。在语音识别领域，RNN可以对语音信号进行建模，实现对语音内容的识别和理解。例如，在智能助手领域，深度学习可以识别用户的语音指令，并做出相应的回应。

2.语音翻译与生成

深度学习在语音翻译和生成领域也有着重要的应用。通过训练深度学习模型，可以实现将一种语言的语音内容转换为另一种语言的语音内容，实现语言之间的交流。

（三）自然语言处理

1.长短时记忆网络

长短时记忆网络（LSTM）是一种特殊的循环神经网络，能够有效地处理长序列数据。在自然语言处理领域，LSTM可以实现对文本的翻译、生成等任务。例如，在机器翻译领域，深度学习可以将一种语言的文本翻译为另一种语言的文本。

2.情感分析

深度学习在情感分析领域也有着重要的应用。通过训练深度学习模型，可以分析文本中的情感倾向，帮助企业了解用户的情感需求。

第四节　自然语言处理

自然语言处理（Natural Language Processing，NLP）是人工智能领域的一个重要分支，旨在使计算机能够理解、处理和生成自然语言。自然语言处理涉及语言的语法、语义、语用等多个方面，其技术包括词法分析、句法分析、语义分析、语言生成等。下面将对自然语言处理的技术、应用和未来发展进行详细介绍。

一、自然语言处理技术

（一）词法分析

1.词法分析的定义

词法分析是自然语言处理的基础，其主要任务是将句子分割成单词或词元，并确定每个词元的词类。词法分析器通常使用词典和规则来识别单词，并将它们转换为计算机可理解的形式。

2.词法分析的技术

词法分析技术包括基于规则的分词方法和基于统计的分词方法。基于规则的方法通过预先定义的规则来识别单词，而基于统计的方法则根据语料库中单词的频率和上下文信息来识别单词。

（二）句法分析

1.句法分析的定义

句法分析是指确定句子中单词之间的关系，如主谓关系、动宾关系等。句法分析器通常使用语法规则来分析句子的结构，并生成一个树状结构（语法树）来表示句子的语法结构。

2.句法分析的技术

句法分析技术包括基于规则的句法分析和基于统计的句法分析。基于规则的方法通过编写语法规则来分析句子的结构，而基于统计的方法则根据语料库中句子的频率和结构信息来分析句子。

（三）语义分析

1.语义分析的定义

语义分析是指确定句子的意义和含义。语义分析器通常使用语义模型来分析句子的语义，帮助计算机理解句子的真实含义。

2.语义分析的技术

语义分析技术包括基于逻辑的语义分析和基于统计的语义分析。基于逻辑的方法通过逻辑推理来确定句子的意义，而基于统计的方法则根据语料库中句子的频率和上下文信息来确定句子的意义。

（四）语言生成

1.语言生成的定义

语言生成是指根据给定的信息生成自然语言文本的过程。语言生成器通常使用模板或者生成式模型来生成文本，以回应用户的查询或者产生自然语言文本。

2.语言生成的技术

语言生成技术包括基于规则的生成方法和基于机器学习的生成方法。基于规则的方法通过预先定义的规则来生成文本，而基于机器学习的方法则通过训练模型来生成文本。

二、自然语言处理技术的应用

（一）机器翻译

机器翻译（Machine Translation，MT）是自然语言处理的一个关键应用领域，旨在实现不同语言之间的自动翻译。这项技术的发展旨在消除语言障碍，促进全球交流与合作。

1.统计模型

传统的机器翻译系统主要基于统计模型，这种模型利用大量的双语平行语料来学习两种语言之间的对应关系。统计机器翻译（Statistical Machine Translation，SMT）的基本思想是通过统计建模来实现翻译，其核心是基于短语的翻译。在

SMT 中，句子被视为由短语组成的序列，翻译过程被建模为找到源语言句子中的短语，并将其翻译成目标语言句子中的对应短语的过程。

SMT 的优点之一是其简单直观的思想和实现方式。通过建立统计模型，SMT 系统可以自动学习源语言和目标语言之间的对应关系，无需手动编写规则。这种自动化的特性使得 SMT 系统易于实现和部署，适用于处理大规模的翻译任务。

然而，SMT 也存在一些局限性。首先，SMT 系统对语义理解的能力有限。由于 SMT 主要基于表面文本形式的统计信息进行翻译，无法深入理解句子的语义和逻辑关系，导致其在处理一些复杂句子或歧义性较强的句子时效果不佳。其次，SMT 在处理长距离依赖关系时表现较差。由于 SMT 将句子视为短语序列，对于跨越较长距离的依赖关系的建模能力有限，容易导致翻译中的错位和不连贯现象。

2. 神经网络模型

近年来，随着深度学习技术的快速发展，神经网络模型在机器翻译领域展现出了强大的能力和广阔的应用前景。神经网络机器翻译（Neural Machine Translation，NMT）通过神经网络对句子进行编码和解码，取代了传统的基于短语的统计机器翻译方法，具有更好地捕捉语言的语义和结构信息的优势，从而提高了翻译质量和流畅度。

神经网络模型的核心是循环神经网络（Recurrent Neural Network，RNN）和注意力机制（Attention Mechanism）。RNN 被广泛应用于对句子进行编码和解码，能够有效地处理不同长度的输入和输出序列。而注意力机制则可以帮助模型在翻译过程中更加关注源语言句子中与当前翻译位置相关的部分，提高了翻译的准确性和流畅度。

与传统的统计机器翻译相比，神经网络机器翻译具有以下优势。首先，神经网络模型能够学习到更加丰富和抽象的语言特征，能够更好地捕捉句子中的语义信息，从而提高了翻译的质量。其次，神经网络模型在处理长距离依赖关系时表现更加优秀，能够更好地保持句子的连贯性和一致性。最后，神经网络模型具有更好的泛化能力，能够适应不同领域和语言的翻译任务。

3.应用场景

机器翻译在当今社会中发挥着重要的作用，广泛应用于各个领域，为不同语言用户提供了便利和沟通的桥梁。首先，互联网翻译服务是机器翻译的主要应用场景之一。随着全球互联网的普及和信息交流的日益频繁，人们需要跨越语言障碍进行信息交流和获取，互联网翻译服务通过机器翻译技术实现了不同语言之间的快速翻译，为用户提供了便捷的信息获取途径。其次，跨境电商也是机器翻译的重要应用领域之一。随着跨境电商的兴起，各国之间的贸易往来日益频繁，而语言差异成为制约跨境电商发展的一大障碍。机器翻译技术能够实现商品信息、交易条款等内容的快速翻译，帮助商家和消费者跨越语言障碍，促进了跨境电商的发展。最后，科技论文翻译也是机器翻译的重要应用领域之一。科技论文是学术交流和科研合作的重要载体，然而，由于语言的限制，不同国家和地区的科技论文往往难以被广泛理解和传播。机器翻译技术通过快速准确地将科技论文翻译成不同语言，促进了科研成果的交流与分享，推动了全球科技创新的发展。

（二）情感分析

情感分析（Sentiment Analysis）是利用自然语言处理技术分析文本中的情感倾向的过程。通过情感分析，可以了解用户对特定事物或主题的态度和情感。

1.机器学习算法

情感分析是一种通过自然语言处理技术来识别和理解文本中的情感倾向的方法，常用于分析用户对产品、服务或事件的态度和情感。在情感分析中，机器学习算法发挥着关键作用，用于自动识别文本中的情感，并将其分类为正面、负面或中性情感。

支持向量机（Support Vector Machine，SVM）是一种常用的机器学习算法，在情感分析中得到了广泛应用。SVM通过构建一个能够将不同情感分隔开的超平面来对文本进行分类，具有较好的分类性能和泛化能力。在情感分析中，SVM可以根据文本中的词语或特征向量来训练模型，从而识别文本的情感倾向。

另一方面，深度学习神经网络也在情感分析中取得了显著的成就。深度学习神经网络通过多层神经元之间的连接来学习文本中的特征，并能够更好地捕捉文本的语义信息。在情感分析中，深度学习神经网络可以通过学习大量的标注数据来训练模型，从而识别和分类文本的情感。

2.应用场景

情感分析在当今社会中的应用领域日益广泛，其中主要包括社交媒体舆情分析、产品评论分析和市场调研等。首先，情感分析在社交媒体舆情分析中扮演着重要角色。随着社交媒体的普及，大量用户在社交媒体上发表各种言论，其中包含了丰富的情感信息。情感分析可以帮助分析师快速了解社交媒体用户对特定事件、话题或产品的态度和情感倾向，从而及时把握舆情动态，为公共关系和舆情管理提供参考依据。其次，情感分析在产品评论分析中也具有重要意义。消费者在购买产品之前往往会查阅其他消费者的评价和评论，这些评论中蕴含了大量的情感信息。情感分析可以帮助企业快速了解消费者对产品的评价和反馈，发现产品的优缺点，优化产品设计和营销策略，提高产品的竞争力。最后，情感分析在市场调研中也有着广泛地应用。传统的市场调研往往需要耗费大量的时间和人力，而情感分析可以通过分析消费者在互联网上的言论和反馈，快速获取市场信息，了解消费者对产品和服务的需求和期望，帮助企业制定更加精准的营销策略和产品定位，提高市场竞争力。

（三）信息检索

信息检索（Information Retrieval）是根据用户的查询从大规模文本库中检索相关信息的过程。信息检索系统利用自然语言处理技术理解用户的查询意图，并从文本库中检索出相关的文档或信息。

1.查询理解

信息检索系统在实现信息检索的过程中，首先需要对用户的查询进行准确理解。这一步骤至关重要，因为用户的查询往往具有一定的语言特性和语境，需要系统能够理解其中的词义和语法结构。对用户查询的理解包括以下三个方面。

第一，词义的理解是信息检索系统的基础。系统需要能够准确地理解用户查询中的词语所表达的含义，包括单词的词性、义项和上下文含义等。这需要系统具备良好的词语理解能力，能够根据上下文和语境准确判断词语的含义，避免歧义和误解。

第二，语法结构的分析也是信息检索系统的关键。用户的查询往往包括多个词语或短语，并且具有一定的语法结构，系统需要能够分析和理解这种结构，以准确捕捉用户的查询意图。语法结构的分析包括词语之间的关系、句子的成分和句法结构等，系统需要能够准确理解这些结构并将其转化为可执行的检索操作。

第三，对用户查询的理解还需要考虑查询的语境和背景。用户的查询往往是基于特定的信息需求和背景进行的，系统需要能够理解这种背景信息，并将其纳入查询理解的过程中。这需要系统具备一定的语境理解能力，能够根据查询的语境和背景进行信息的过滤和加权，以提高检索结果的相关性和准确性。

2. 文本检索

文本检索是信息检索系统的核心功能之一，其主要任务是根据用户的查询从大规模文本库中检索出与之相关的文档或信息，并按照相关性进行排序和展示。文本检索的过程包括以下三个关键步骤。

第一，文本索引的建立是文本检索的基础。为了实现高效的文本检索，系统需要对文本库中的文档进行索引构建。索引通常包括词项（terms）的列表，以及每个词项在文档中的位置或频率信息。通过索引，系统可以快速定位到包含用户查询词的文档，并提高检索效率。

第二，查询处理是文本检索的关键环节。当用户提交查询时，系统需要对查询进行处理，包括词语分析、查询扩展和相似度计算等。词语分析主要是对查询词进行词形还原（lemmatization）和词干提取（stemming），以便将查询词转化为标准形式，并扩展查询词的覆盖范围。查询扩展则是通过同义词、近义词或相关词扩展查询，以提高检索结果的覆盖范围和相关性。相似度计算则是根据文本索引中的词项信息和查询中的词语计算文档与查询之间的相似度，以便对检索结果进行排序。

第三，检索结果的排序和展示是文本检索的最终目标。根据文档与查询之间的相似度，系统将检索出的文档按照相关性进行排序，并将排名靠前的文档展示给用户。为了提高用户体验，系统通常会将检索结果进行分页展示，并提供相关性评分和摘要等信息，帮助用户快速了解文档内容。

3. 应用场景

信息检索技术在当今社会中有着广泛而重要的应用，主要体现在搜索引擎、知识库问答系统、文献检索等领域。首先，在搜索引擎领域，信息检索技术是实现搜索功能的核心。搜索引擎通过索引和检索技术，能够快速地从互联网海量数据中找到用户所需的信息，并按照相关性进行排序和展示，为用户提供了便捷的信息获取方式。其次，在知识库问答系统中，信息检索技术能够帮助系统理解用户的提问，并从知识库中检索出与问题相关的答案。这种问答系统可以广泛应用于智能客服、在线教育等领域，为用户提供了快速准确的问题解答服务。最后，在文献检索领域，信息检索技术可以帮助研究人员快速找到与其研究课题相关的文献和资料，为科研工作提供了重要的支持。

第五节　智能算法与技术

一、智能算法的分类

智能算法是指模仿人类智能思维过程，利用计算机技术实现的一类算法。根据其工作原理和应用领域的不同，智能算法可以分为多种不同类型。常见的智能算法包括但不限于以下几种。

（一）进化算法

进化算法（Evolutionary Algorithms，EA）是一类模拟自然界进化过程的优化算法，如遗传算法、进化策略等。这类算法通过模拟自然选择、交叉和变异等过程，逐步优化问题的解。遗传算法是其中较为典型的一种，通过模拟生物遗传的基本原理，如选择、交叉和变异，生成新的解，并逐步优化适应度函数，以获得较优解。进化算法通常适用于复杂的优化问题，如组合优化、参数优化等。

（二）遗传算法

遗传算法（Genetic Algorithm，GA）是一种基于自然选择和遗传机制的优化算法，通过模拟自然界中的遗传过程，不断演化出适应环境的解。遗传算法包括个体的编码、适应度函数的定义、选择、交叉和变异等操作。通过这些操作，遗传算法能够在解空间中搜索到较优解，具有较好的全局搜索能力和鲁棒性。

（三）神经网络算法

神经网络算法（Neural Network Algorithms）模拟人类大脑神经元之间的连接和信息传递过程，用于处理复杂的非线性关系和模式识别问题。神经网络算法包括前馈神经网络、循环神经网络等多种结构，通过学习和训练过程，能够实现对复杂问题的自动建模和识别，具有较强的拟合能力和泛化能力。

（四）模拟退火算法

模拟退火算法（Simulated Annealing Algorithm）模拟固体退火过程，在搜索过程中逐渐减小温度，从而减少系统能量，找到全局最优解。模拟退火算法通过接受概率来跳出局部最优解，以一定的概率接受劣解，从而避免陷入局部最优解，具有一定的全局搜索能力和鲁棒性。

（五）蚁群算法

蚁群算法（Ant Colony Optimization，ACO）模拟蚂蚁在寻找食物过程中释放信息素的行为，通过信息素浓度的变化来指导搜索过程，从而找到最优解。蚁群算法具有分布式计算和并行搜索的特点，能够有效地应用于解决组合优化问题，如旅行商问题、作业调度问题等。

（六）人工免疫算法

人工免疫算法（Artificial Immune Algorithm，AIA）模拟人类免疫系统的工作原理，通过对抗外部入侵来优化问题的解。人工免疫算法包括克隆选择算法、抗体多样性维持算法等多种模型，能够有效地应用于解决优化问题，如函数优化、模式识别等领域。

二、智能算法的特点

智能算法具有以下三个显著特点。

（一）并行性

1.并行性表现

（1）任务级并行性

智能算法通常可以将任务分解为多个子任务并行处理，例如遗传算法中的并行评估多个个体的适应度，或者神经网络算法中的并行计算多个样本的输出。

（2）数据级并行性

智能算法可以对数据进行分割，然后并行处理不同数据片段，例如将一个大的数据集分成多个部分，在不同处理器上并行处理。

（3）模型级并行性

对于某些智能算法，可以对模型进行分割，然后并行处理不同部分，例如将神经网络的不同层分配到不同的处理器上进行计算。

2.并行性实现方式

（1）多线程

利用多线程技术，可以在单个处理器上实现并行计算，提高算法的效率。例如，可以使用 Python 的 multiprocessing 模块或 Java 的 Thread 类来实现多线程并行计算。

（2）分布式计算

将任务分配到多台计算机上进行处理，可以利用网络通信来实现分布式计算。例如，可以使用 Hadoop 或 Spark 等分布式计算框架来实现智能算法的并行计算。

（3）图形处理器加速

利用图形处理器的并行计算能力，可以加速智能算法的计算过程。例如，使用 CUDA 或 OpenCL 等技术来实现神经网络算法的并行计算。

（二）自适应性

1.参数自适应

（1）遗传算法中的参数调整

遗传算法中的交叉概率和变异概率可以根据种群的适应度动态调整。例如，当种群适应度较高时，可以降低交叉和变异概率，以保持种群的多样性和收敛速度；反之，当种群适应度较低时，可以增加交叉和变异概率，以增加种群的多样性，避免陷入局部最优解。

（2）神经网络中的学习率调整

神经网络算法中的学习率可以根据训练过程中的误差情况进行调整。例如，可以根据误差的变化情况动态调整学习率的大小，以提高训练效率和收敛速度。

2.策略自适应

（1）遗传算法中的进化策略

遗传算法中的进化策略可以根据种群的表现和环境的变化进行调整。例如，可以根据种群的适应度和多样性调整选择、交叉和变异等操作的策略，以提高算法的搜索效率和全局收敛性。

（2）神经网络中的网络结构调整

神经网络算法可以根据问题的复杂程度和数据的特点动态调整网络结构。例如，可以根据问题的复杂度增加网络的深度和宽度，以提高网络的表达能力和泛化能力。

（三）鲁棒性

1.解空间探索的鲁棒性

（1）遗传算法的多样性维持

遗传算法通过保持种群的多样性和随机性，能够有效地避免陷入局部最优解。例如，通过交叉和变异操作来引入新的个体，保持种群的多样性，从而增加搜索空间，提高找到全局最优解的概率。

（2）模拟退火算法的接受劣解策略

模拟退火算法通过一定的概率接受劣解，能够跳出局部最优解，寻找全局最优解。这种策略使得算法能够在搜索过程中逐渐减小温度，减少系统能量，从而找到全局最优解的可能性增加。

2.鲁棒性实现方式

（1）参数自适应

智能算法通常具有一定的参数自适应能力，能够根据问题和环境的变化动态调整参数。例如，遗传算法中的交叉概率和变异概率可以根据种群的适应度动态调整，以保持种群的多样性和收敛速度。

（2）策略自适应

智能算法可以根据问题和环境的变化动态调整求解策略。例如，遗传算法中的进化策略可以根据种群的表现和环境的变化进行调整，以提高算法的搜索效率和全局收敛性。

第四章　嵌入式系统与物联网

第一节　嵌入式系统概述

一、嵌入式系统的基本概念和特点

（一）嵌入式系统的定义

嵌入式系统是一种专门设计用于特定功能和性能要求的计算机系统，通常被嵌入在其他设备中，以实现对该设备的控制、监视和管理。这种系统通常具有实时性要求，即需要在严格的时间限制内响应外部事件或产生输出。与通用计算机系统相比，嵌入式系统更注重功耗和成本效益的优化，因为它们通常被用于电池供电或资源受限的环境中。嵌入式系统的设计需要考虑多方面因素，包括硬件平台选择、实时操作系统的选择和优化、软件开发和调试工具的使用等。在智能系统中，嵌入式系统扮演着核心角色，负责采集环境数据、控制执行器、实现通信和协作等功能。随着物联网和智能化技术的不断发展，嵌入式系统在各个领域的应用越来越广泛，为设备的智能化和自动化提供了重要支持。因此，对嵌入式系统的深入理解和研究具有重要的学术价值和实践意义。

（二）嵌入式系统的特点

1. 实时性

嵌入式系统的实时性是指系统需要在规定的时间内响应外部事件或产生输出的能力。这种实时性要求对于许多应用场景至关重要，特别是在需要及时响应和控制的领域，如工业控制、医疗设备、交通系统等。嵌入式系统的实时性可分为硬实时和软实时两种类型。

硬实时要求系统必须在严格的时间限制内完成任务。这意味着系统必须在预定的时间内响应外部事件，并在规定的时间内完成任务。任何超出时间限制的情况都被视为系统失败。硬实时系统通常用于对时间要求非常严格的应用，如飞行控制系统、汽车安全系统等。

软实时则允许一定的延迟。在软实时系统中，虽然时间的准确性很重要，但不会像硬实时系统那样严格要求任务必须在特定时间内完成。软实时系统通常用于对时间要求较为宽松的应用，如多媒体应用、办公自动化等。

在嵌入式系统设计中，实时性需要考虑任务调度、中断处理、数据传输等方面。合适的实时调度算法（如优先级调度、周期调度）和实时操作系统（RTOS）可以有效提高系统的实时性能。实时操作系统提供了任务调度、中断处理等实时功能，能够确保任务按时完成，并提供了一些机制来确保任务的响应时间。同时，数据传输也需要保证实时性，以确保数据及时传输并被处理。

2. 可靠性

嵌入式系统的可靠性是指系统在规定的时间内正常工作的能力，通常用于控制和监测关键系统。具备高可靠性对于嵌入式系统至关重要，因为系统的故障可能会导致严重的后果，如生命安全或财产损失。

可靠性包括系统的稳定性、可维护性和可靠性预测。系统的稳定性指系统在各种环境条件下都能保持正常工作的能力，这要求系统能够适应不同的工作环境，如温度、湿度、电磁干扰等。可维护性指系统在发生故障时能够方便快速地进行修复和维护的能力，这需要系统具备良好的故障诊断和修复机制。可靠性预测是指对系统的可靠性进行评估和预测的能力，这可以通过各种可靠性分析方法来实现，如故障模式和效应分析（FMEA）、故障树分析（FTA）等。

为提高嵌入式系统的可靠性，可以采用多重容错技术。冗余设计是其中一种常用的技术，它可以在系统中引入多个相同或类似的组件，以提高系统的容错能力。错误检测和纠正技术也是常用的方法，它可以在系统中引入检测和纠正机制，以及时发现和修复错误。此外，良好的系统设计和开发规范也是保证系统可靠性的重要因素，严格遵循规范和标准可以确保系统具备高可靠性和稳定性。

3. 节能性

嵌入式系统的节能性是指系统在工作过程中能够尽可能地减少能量消耗的能

力。由于嵌入式系统通常工作在资源有限的环境中，如移动设备或电池供电系统，因此需要具备节能的特性，以延长设备的使用时间并减少能源消耗。

节能可以通过多种方式实现。首先，可以通过优化算法来减少系统的计算和通信负载，从而降低能量消耗。其次，可以降低系统的时钟频率来减少功耗，尤其是在系统负载较低时可以采用降低频率的方式来实现节能。最后，采用低功耗组件和技术也是提高系统节能性的重要手段。

在嵌入式系统设计中，需要考虑功耗管理策略。其中，睡眠模式是一种常用的节能技术，通过将系统中不需要工作的部分进入睡眠状态来降低功耗。动态电压频率调整（DVFS）是另一种常用的节能技术，它根据系统负载的变化动态调整处理器的电压和频率，以在保证性能的同时降低功耗。此外，功耗预测和管理等技术也可以帮助系统实现节能目标。

二、嵌入式系统在智能系统中的作用和地位

（一）嵌入式系统在智能系统中的作用

1. 数据采集和处理

嵌入式系统在智能系统中扮演着至关重要的角色，其数据采集和处理功能是智能系统实现智能化的关键之一。通过连接各种传感器和执行器，嵌入式系统能够实现对外部环境的感知和控制。传感器可以采集各种环境数据，如温度、湿度、压力等，将这些数据传输给嵌入式系统进行处理。嵌入式系统根据预设的算法和逻辑对这些数据进行处理和分析，从而实现对环境的监测、控制和决策。

在智能系统中，数据采集和处理是实现智能化的基础。嵌入式系统通过连接传感器和执行器，实现了对环境和设备的实时监测和控制。传感器可以采集到各种环境数据，如温度、湿度、压力等，这些数据经过嵌入式系统的处理和分析，可以帮助智能系统更好地理解和响应外部环境的变化。例如，在智能农业领域，嵌入式系统可以通过连接土壤湿度传感器和灌溉系统，实现对土壤湿度的实时监测和灌溉控制，从而实现对农作物的精准灌溉，提高农业生产效率。

另外，嵌入式系统的数据采集和处理功能也是智能系统实现智能决策的关键。通过对采集到的数据进行处理和分析，嵌入式系统可以根据预设的算法和逻

辑实现对环境和设备的智能化控制和管理。例如，在智能交通系统中，嵌入式系统可以通过连接交通监控摄像头和交通信号灯，实现对交通流量和交通信号的实时监测和控制，从而实现交通信号的智能调控，优化交通流量。

2.控制硬件设备

嵌入式系统通过连接控制器或执行器，实现对硬件设备的控制是智能系统实现智能化的重要组成部分。在智能家居系统中，嵌入式系统可以控制各种设备，如灯光、空调、窗帘等的开关和调节，实现智能化的居家环境控制。在工业自动化系统中，嵌入式系统可以控制各种设备，如机器人、生产线等的运行，实现工厂生产的自动化和智能化。

嵌入式系统通过连接控制器或执行器，实现对硬件设备的控制是智能系统实现智能化的重要组成部分。在智能家居系统中，嵌入式系统可以控制各种设备，如灯光、空调、窗帘等的开关和调节，实现智能化的居家环境控制。在工业自动化系统中，嵌入式系统可以控制各种设备，如机器人、生产线等的运行，实现工厂生产的自动化和智能化。

嵌入式系统通过连接控制器或执行器，实现对硬件设备的控制是智能系统实现智能化的重要组成部分。在智能家居系统中，嵌入式系统可以控制各种设备，如灯光、空调、窗帘等的开关和调节，实现智能化的居家环境控制。在工业自动化系统中，嵌入式系统可以控制各种设备，如机器人、生产线等的运行，实现工厂生产的自动化和智能化。

3.通信和协作

嵌入式系统在智能系统中的通信和协作方面发挥着重要作用，通过网络与其他系统进行通信和协作，实现系统之间的信息交换和协调。这种通信和协作可以是系统内部组件之间的交互，也可以是系统之间不同设备之间的通信。

在智能交通系统中，嵌入式系统通过与车辆、道路设施等进行通信，实现交通信号的智能控制和车辆的智能导航。例如，通过与交通信号灯相连的嵌入式系统可以实时监测道路交通情况，并根据交通流量情况智能调节信号灯的时长，以优化交通流量。另外，嵌入式系统还可以通过与车辆通信，实现车辆之间的信息交换和协作，如实时交通信息的分享和协同驾驶的实现。

在智能医疗系统中，嵌入式系统通过与医疗设备、医护人员等进行通信，实现医疗信息的实时监测和传输。例如，通过与患者监测设备相连的嵌入式系统可以实时监测患者的生理参数，并将数据传输给医护人员，以便及时采取相应的医疗措施。另外，嵌入式系统还可以通过与医疗设备通信，实现设备之间的信息交换和协作，如手术机器人与手术监测设备之间的协同工作。

（二）嵌入式系统在智能系统中的地位

嵌入式系统在智能系统中扮演着核心的角色，其在智能系统中的地位不可替代。没有高效可靠的嵌入式系统支持，智能系统很难实现其设计的功能和性能要求。嵌入式系统通过实时的数据处理和控制，为智能系统提供了关键的支持和基础，直接影响着智能系统的性能和效果。

1. 数据处理与控制

嵌入式系统在智能系统中扮演着至关重要的角色，其主要职责之一是实时的数据处理和控制。通过与各种传感器和执行器的连接，嵌入式系统能够采集、传输和处理环境数据，实现对系统环境和设备的监测、分析和控制。这种实时的数据处理能力为智能系统提供了准确的信息基础，支持智能系统进行各种决策和行为。

在智能系统中，嵌入式系统通过与传感器和执行器的连接，实现了对环境的实时感知和对设备的实时控制。例如，在智能家居系统中，嵌入式系统可以通过连接温度传感器和空调执行器，实现对室内温度的监测和控制；在智能工厂中，嵌入式系统可以通过连接生产线传感器和机器人执行器，实现对生产过程的监测和控制。

嵌入式系统通过实时的数据处理和控制，为智能系统提供了关键的支持和基础。它能够将采集到的大量数据进行实时分析和处理，从而帮助智能系统更好地理解和响应外部环境的变化。同时，嵌入式系统还能够根据分析结果，实时地控制执行器进行相应的动作，实现智能系统的各种功能和任务。

2. 智能化关键

在智能系统中，数据的采集、传输和处理是实现智能化的基础。嵌入式系统通过连接各种传感器和执行器，实现对环境和设备的实时监测、分析和控制，为智能系统提供了丰富的数据基础。通过实时的数据处理和控制，嵌入式系统使智能系统能够更加智能化地感知和响应外部环境的变化，从而实现智能系统的智能化目标。

在智能系统中，嵌入式系统通过实时的数据处理和控制，实现了对环境和设备的智能化控制和管理。例如，在智能交通系统中，嵌入式系统通过连接交通信号灯和车辆传感器，实现了交通信号的智能控制和车辆的智能导航；在智能家居系统中，嵌入式系统通过连接家庭设备和家居传感器，实现了家庭设备的智能控制和管理。

3. 功能与性能支持

嵌入式系统在智能系统中的功能与性能支持方面发挥着至关重要的作用。其高效可靠性直接决定了智能系统的功能和性能表现。嵌入式系统的高效能力和可靠性保证了智能系统能够在各种复杂环境下稳定可靠地运行，实现高效的数据处理和控制。缺乏高效可靠的嵌入式系统支持，智能系统很难实现其设计的功能和性能要求，因此，嵌入式系统在智能系统中的地位至关重要。

在智能系统中，嵌入式系统通过其高效的能力和可靠性为智能系统提供了重要的支持。嵌入式系统能够快速、准确地处理各种数据，并实现对系统环境和设备的智能化控制和管理。其高效能力保证了智能系统能够在实时性要求较高的场景下稳定可靠地运行，实现对环境和设备的及时响应和控制。

另外，嵌入式系统的可靠性也是智能系统功能与性能的重要保障。嵌入式系统的高可靠性保证了智能系统在长时间运行过程中不会出现故障和失效，保证了系统的稳定性和可维护性。嵌入式系统的可靠性还能够提高智能系统的安全性和可靠性，确保系统在各种复杂环境和应用场景下能够稳定可靠地运行。

第二节 嵌入式系统设计与开发

一、嵌入式系统设计的基本原理和方法

（一）嵌入式系统设计的基本原理

嵌入式系统设计的基本原理在于根据系统需求选择合适的硬件平台和软件工具，进行系统架构设计、硬件电路设计和软件编程等工作。这些基本原理包括但不限于以下两个方面。

1.系统需求分析

在设计嵌入式系统之前，系统需求分析是至关重要的一步。这一阶段需要对系统的功能需求、性能指标、可靠性要求、成本预算等进行全面的分析，这些需求将直接影响到系统的设计方案。在功能需求方面，需要明确系统需要实现的功能，例如控制某个设备或系统、采集和处理数据等。性能指标包括系统的响应时间、处理速度、功耗等，这些指标会影响系统的实时性和效率。可靠性要求涉及系统的稳定性和故障容忍能力，特别是在关键系统中，可靠性要求更为重要。成本预算则是考虑到系统设计、制造、部署和维护的各个方面的费用，需要在满足功能和性能需求的基础上尽可能控制成本。

系统需求分析的目的是确保在系统设计阶段能够准确地理解和满足用户的需求，避免后期的修改和调整带来的额外成本和延迟。因此，系统需求分析阶段需要进行充分的讨论和调研，与用户和相关利益相关者进行沟通，以确保对系统需求的理解和把握。只有在系统需求明确的基础上，才能制订出合适的系统设计方案，从而保证嵌入式系统能够实现预期的功能和性能要求。

2.硬件平台选择

在选择硬件平台时，需要根据系统的需求和应用场景综合考虑多个因素，包括处理器性能、功耗、接口和扩展性等。首先，处理器的性能是硬件选择的关键因素之一。不同的应用场景对处理器性能的要求不同，有些系统需要高性能的处

理器来处理复杂的算法和大量数据，而有些系统则可以选择性能较低但功耗更低的处理器。其次，功耗是另一个需要考虑的重要因素。对于移动设备或电池供电系统等资源有限的环境，需要选择功耗较低的处理器以延长设备的续航时间。最后，接口和扩展性是考虑硬件平台的另一个重要因素。硬件平台需要提供足够的接口和扩展性，以满足系统对外部设备和接口的需求，同时也要考虑未来系统升级和扩展的可能性。总的来说，硬件平台选择需要综合考虑系统的需求、应用场景和未来发展趋势，以确保选择的硬件平台能够最大程度地满足系统的功能和性能要求。器。

（二）嵌入式系统设计的方法

嵌入式系统设计的方法包括但不限于以下三种。

1. 自顶向下方法

自顶向下方法是嵌入式系统设计中常用的一种方法，其核心思想是从整体系统的角度出发，逐步细化到具体的硬件和软件设计。在这种方法中，设计团队首先要全面把握系统的总体需求和功能，然后逐步细化这些需求和功能，直至确定最终的设计方案。

这种方法的优势在于能够帮助设计团队全面了解系统的需求和功能，从而能够更好地确定最佳的设计方案。通过从整体到细节的逐步细化过程，设计团队可以在设计初期就考虑到系统的整体架构和功能，避免在后期设计中出现重大变更。另外，这种方法还能够帮助设计团队更好地分工合作，各成员可以根据系统的不同模块和子系统展开具体的设计工作，最终将各部分整合成一个完整的系统。

然而，自顶向下方法也存在一些挑战和限制。由于在设计初期就需要确定系统的整体架构和功能，可能会导致设计团队在设计过程中受到局限，无法灵活应对需求变化。此外，由于在初期阶段对系统的需求和功能进行细化，可能会导致设计团队忽视了一些细节和实现细节，从而影响系统的性能和稳定性。

2. 自底向上方法

自底向上方法在嵌入式系统设计中扮演着重要角色，其核心思想是从具体的硬件和软件设计出发，逐步组合成整体系统。在这种方法中，设计团队首先着手设计具体的硬件和软件模块，然后通过测试和验证这些模块的功能和性能，最终将它们组合成一个完整的系统。

这种方法的优势在于能够帮助设计团队更加深入地了解硬件和软件的实现细节，从而提高系统的可靠性和稳定性。通过逐步组合具体的硬件和软件模块，设计团队可以更好地发现和解决系统中的问题，确保系统的各个部分能够协同工作。另外，这种方法还能够帮助设计团队更好地控制系统的复杂度，使系统更加易于维护和升级。

然而，自底向上方法也存在一些挑战和限制。由于是从具体的硬件和软件设计出发，可能会导致设计团队在设计过程中无法全面考虑系统的整体架构和功能，从而可能会影响系统的整体性能。此外，由于需要逐步组合具体的硬件和软件模块，可能会增加系统集成的难度和风险。

3.结合方法

在嵌入式系统设计中，结合方法是一种常见且有效的设计策略。这种方法综合运用了自顶向下和自底向上两种方法的优势，在实际的设计过程中灵活选择，以确保系统的功能和性能要求得到满足。

结合方法的核心思想是根据具体需求和情况，在自顶向下和自底向上两种方法之间进行灵活选择。在设计初期，设计团队可以采用自顶向下方法确定系统的总体架构和功能，然后逐步细化到具体的硬件和软件设计。这样能够帮助设计团队全面把握系统的需求和功能，确保系统的整体设计符合要求。在设计中后期，设计团队可以采用自底向上方法实现具体的硬件和软件设计，然后逐步组合成整体系统。这样能够帮助设计团队更加深入地了解硬件和软件的实现细节，提高系统的可靠性和稳定性。

通过结合自顶向下和自底向上两种方法，设计团队能够充分发挥它们的优势，更好地满足系统的功能和性能要求。同时，结合方法也能够帮助设计团队更好地应对设计过程中的挑战和限制，确保系统设计的成功实现。

然而，结合方法也需要设计团队在实践中谨慎选择和灵活运用。在结合自顶向下和自底向上两种方法时，设计团队需要根据具体项目的需求和情况，合理安排设计过程，确保系统的整体设计和实现都能够达到预期的要求。

二、嵌入式系统开发的流程和工具

（一）需求分析阶段

在嵌入式系统开发的需求分析阶段，对系统的功能需求、性能指标、可靠性要求和成本预算等进行全面的分析至关重要。首先，功能需求分析是需求分析的核心，需要明确系统需要实现的功能，包括对外部设备的控制和数据处理等。其次，性能指标的确定是基于功能需求而进行的，需要确定系统的性能要求，如响应时间、处理速度等。可靠性要求分析涉及系统在长时间运行中的稳定性和可靠性，需要考虑系统的可靠性指标和容错能力。最后，成本预算分析是对系统开发和维护成本的评估，需要考虑到硬件和软件开发、人力和时间成本等因素。这些需求分析的结果将直接影响到后续的系统设计和开发工作，因此需求分析阶段的全面性和准确性对于整个嵌入式系统开发过程至关重要。

（二）系统设计阶段

1. 系统架构设计

在系统架构设计阶段，设计师需要综合考虑系统的功能需求、性能要求和可靠性要求，以及未来可能的扩展性和灵活性需求，从而设计出一个合理、高效的系统结构。

第一，系统架构设计需要对系统的功能需求进行全面的分析和理解。这包括对系统要实现的功能进行梳理和明确，确保系统的设计能够满足用户的实际需求。例如，在设计智能家居系统的架构时，需要明确系统需要控制的设备、实现的功能，以及与用户交互的方式等。

第二，系统架构设计还需要考虑到系统的性能要求。这包括系统的响应时间、处理速度、资源利用率等方面。在设计架构时，需要选择合适的硬件平台和软件架构，以确保系统能够在性能上达到预期的要求。例如，对于需要实时响应的系统，可能需要选择低延迟、高性能的处理器和实时操作系统。

第三，系统架构设计也需要关注系统的可靠性要求。这包括系统的稳定性、可维护性和可靠性预测等方面。在设计架构时，需要考虑到系统的错误处理机制、容错设计和系统监控等，以提高系统的稳定性和可靠性。例如，可以采用冗余设计、错误检测和纠正等技术来提高系统的可靠性。

第四，系统架构设计还需要考虑到系统的可扩展性和灵活性。这包括系统的模块化设计、接口设计和软件架构设计等方面。通过合理的架构设计，可以使系统在后续的开发和维护过程中能够方便地进行扩展和修改，以适应不断变化的需求和环境。

2.模块设计

模块设计主要包括每个模块的接口定义、数据结构和算法等方面，旨在确保每个模块能够独立地工作，并能够与其他模块协作完成系统的功能。具体来说，模块设计需要考虑以下四个方面。

第一，需要定义每个模块的接口，包括输入接口和输出接口。输入接口定义了模块接收的数据或信号，输出接口定义了模块输出的数据或信号。接口设计需要考虑到模块之间的数据交换方式和通信协议，确保不同模块之间能够正确地进行数据交换和通信。

第二，需要设计每个模块的数据结构，包括数据的存储方式和组织结构。数据结构设计需要考虑到数据的类型、大小和存储方式，确保数据能够被高效地存储和访问。

第三，还需要设计每个模块的算法，包括数据处理和逻辑控制方面的算法。算法设计需要根据模块的功能需求和性能要求，选择合适的算法，并对算法进行优化，以提高系统的性能和效率。

第四，需要考虑模块之间的通信和数据交换方式。不同模块之间的通信方式有多种选择，如共享内存、消息队列、信号量等。通信方式的选择需要根据系统的实际需求和性能要求进行合理地选择，以确保系统能够实现预期的功能和性能要求。

（三）硬件开发阶段

1.电路设计

电路设计是根据系统需求设计硬件电路图，选择合适的元器件和接口的过程。在电路设计中，需要考虑到电路的稳定性、功耗和成本等因素。首先，需要根据系统需求选择合适的元器件，如处理器、存储器、传感器和执行器等。然后，根据选定的元器件设计电路图，确保电路能够满足系统的功能需求和性能指标。此外，还需要考虑到电路的功耗问题，尽量选择低功耗的元器件，以提高系统的能效比。最后，需要对设计的电路进行仿真和验证，确保电路的可靠性和稳定性。

2.印刷电路板设计

印刷电路板（PCB）设计是根据电路设计图设计 PCB 板的布局和连线的过程。在 PCB 设计中，需要考虑到布局的紧凑性和信号的干扰等问题。首先，需要根据电路设计图设计 PCB 板的布局，合理安排各个元器件的位置，确保电路板的稳定性和可靠性。然后，需要设计 PCB 板的连线，保证信号的传输质量和稳定性。此外，还需要考虑到 PCB 板的散热和防静电等问题，确保整个系统的正常工作。

（四）软件开发阶段

1.嵌入式软件开发

嵌入式软件开发是指编写嵌入式系统的软件，包括系统启动代码、驱动程序和应用程序等。在嵌入式软件开发过程中，需要考虑到系统的实时性、稳定性和安全性等方面。首先，需要编写系统的启动代码，初始化系统的硬件和软件环境，确保系统能够正常启动。然后，需要开发系统的驱动程序，用于控制硬件设备，如传感器、执行器等，确保系统能够正确地与外部设备交互。最后，需要编写应用程序，实现系统的具体功能，如数据采集、数据处理和通信等。在软件开发过程中，需要使用合适的编程语言和开发工具，如 C、C++ 和嵌入式开发环境等，确保软件的质量和性能。

2.驱动程序开发

驱动程序开发是指开发硬件设备的驱动程序，确保软件能够正确地控制硬件设备。在驱动程序开发过程中，需要深入了解硬件的工作原理和接口规范。首先，需要分析硬件设备的工作原理和接口特性，确定驱动程序的功能和接口。然后，需要编写驱动程序的代码，实现对硬件设备的控制和管理。最后，需要对驱动程序进行测试和调试，确保驱动程序能够正确地工作。驱动程序的开发需要与硬件设计工程师密切合作，确保驱动程序能够与硬件设备良好地配合工作。

（五）系统集成和测试阶段

1.硬件和软件集成

在系统集成阶段，硬件和软件集成是嵌入式系统开发中至关重要的一步。这一阶段涉及将开发好的硬件和软件组件整合在一起，确保系统能够正常运行。在集成过程中，需要考虑以下四个方面：首先，硬件和软件之间的接口和通信需要进行正确的配置和连接。硬件和软件之间的接口包括物理接口和软件接口，物理接口涉及连接线路和信号传输，而软件接口涉及数据传输和通信协议。开发人员需要确保这些接口和通信正常工作，否则会导致系统集成失败。其次，集成过程中可能会出现一些问题，如接口不匹配、通信错误等。开发人员需要及时识别和解决这些问题，可以通过调试工具和测试设备进行故障诊断和排除。再次，还需要进行功能测试和性能评估，确保系统的功能完备和性能优良。最后，集成过程中需要进行模块测试和系统测试，验证系统的功能和性能。模块测试是针对每个模块进行的测试，确保每个模块能够独立地工作；系统测试是针对整个系统进行的测试，验证系统的整体功能和性能。

2.功能测试

在功能测试中，开发人员会根据系统的功能需求和使用场景，逐一测试系统的各项功能，确保系统能够正确地完成各项任务。功能测试需要覆盖系统的所有功能，并对系统的各种输入和输出进行测试，以确保系统的功能完备。

在进行功能测试时，通常会按照以下五个步骤进行。

（1）确定测试计划

在功能测试开始之前，需要制订详细的测试计划。测试计划包括测试的范围、测试的目标、测试的方法和测试的资源等内容。通过制订测试计划，可以确保功能测试的顺利进行。

（2）设计测试用例

测试用例是功能测试的基本单位，用于描述测试的输入、预期输出和测试步骤等信息。在设计测试用例时，需要考虑到系统的各种功能和使用场景，以覆盖系统的所有功能。

（3）执行测试用例

执行测试用例是功能测试的核心步骤。开发人员根据设计好的测试用例，逐一测试系统的各项功能，记录测试结果并进行分析。如果测试发现了问题，开发人员需要及时修复并重新测试。

（4）分析测试结果

在功能测试结束后，需要对测试结果进行分析。分析测试结果可以帮助开发人员了解系统的功能完备性和稳定性，发现潜在的问题并进行改进。

（5）编写测试报告

在功能测试结束后，需要编写测试报告。测试报告包括测试的目的、测试的方法、测试的结果和建议等内容。测试报告可以帮助团队成员了解测试的情况，促进问题的及时解决。

3.性能评估

性能评估旨在评估系统在特定条件下的性能表现，其中包括响应时间、功耗等方面的指标。通过性能评估，开发人员可以全面了解系统的性能状况，从而为系统的优化和改进提供重要依据。

首先，在进行性能评估时，需要明确评估的指标和标准。根据系统的实际需求和设计目标，确定评估的性能指标，如响应时间、处理速度、资源利用率等。同时，需要制订详细的评估方案，包括测试的环境、方法和工具等。

其次，在评估过程中，开发人员需要进行全面的性能测试，以验证系统的性能是否符合设计要求。测试过程中要重点关注系统的稳定性、实时性和可靠性等方面，确保系统在不同工作负载下的性能表现。

最后，开发人员需要对测试结果进行分析和总结。分析测试结果可以帮助发现系统中的性能瓶颈和问题，为进一步优化系统性能提供指导。同时，还可以根据分析结果对系统进行优化和改进，提高系统的性能和稳定性。

三、嵌入式系统设计中的关键技术

（一）电路设计

电路设计在嵌入式系统中扮演着至关重要的角色，涉及模拟电路设计、数字电路设计和混合信号电路设计等多个方面。模拟电路设计是指对模拟信号进行处理和传输的技术，其中包括了放大、滤波、调制等功能。在嵌入式系统中，模拟电路通常用于传感器信号的放大和处理，以及与外部设备的通信。

数字电路设计则涉及对数字信号进行处理和逻辑控制的技术。在嵌入式系统中，数字电路设计常用于处理器和存储器之间的通信，以及控制逻辑的实现。

混合信号电路设计是模拟和数字电路的结合，用于处理模拟和数字信号的混合信号系统。在嵌入式系统中，混合信号电路设计常用于模拟和数字信号的转换，以及在模拟和数字电路之间的接口设计。

（二）嵌入式操作系统

嵌入式操作系统在嵌入式系统设计中扮演着至关重要的角色，其中实时操作系统（RTOS）是最常用的一种。RTOS 能够保证系统在规定的时间内完成任务，因此在对系统的响应时间和实时性有较高要求的场景下被广泛应用。在选择和配置 RTOS 时，需要考虑到系统的性能和实时性需求，以及硬件平台的特性。不同的 RTOS 具有不同的特点和适用场景，开发人员需要根据具体情况选择合适的 RTOS，并进行配置和优化以满足系统需求。对于性能要求较高的系统，可能需要选择专门针对实时性能优化的 RTOS，而对于资源受限的系统，则需要选择轻量级的 RTOS 以节约资源。除了 RTOS 之外，还有一些开源的嵌入式操作系统可供选择，如 FreeRTOS、uC/OS 等，它们具有灵活性高、易于移植等特点，适用于各种不同的嵌入式系统设计。整体而言，嵌入式操作系统在嵌入式系统设计中起着至关重要的作用，选择合适的操作系统能够提高系统的性能和稳定性，从而满足系统的需求。

（三）驱动程序和应用软件

驱动程序和应用软件在嵌入式系统设计中扮演着至关重要的角色，它们直接影响着系统的功能和性能。在驱动程序方面，开发人员需要编写与硬件设备交互的驱动程序，确保软件能够正确地控制硬件设备。驱动程序的编写需要深入了解硬件设备的工作原理和接口规范，以保证驱动程序能够与硬件设备正常通信和协作。在应用软件方面，开发人员需要设计和实现各种应用程序，满足用户需求并提供良好的用户体验。应用软件的设计需要考虑到系统的实时性、稳定性和安全性等方面，以保证软件能够稳定可靠地运行。此外，软件设计模式、算法优化和性能调优也是开发人员需要掌握的关键技术，以提高软件的效率和可靠性。通过合理设计和优化驱动程序和应用软件，可以提高嵌入式系统的功能完备性和性能表现，从而更好地满足用户的需求。

四、嵌入式系统的应用案例

在服装制造行业和工业自动化领域，嵌入式控制系统在自动缝纫机中的应用是一个重要的案例。随着技术的不断进步，传统的手工缝纫已经无法满足市场对产品质量和生产效率的要求。自动缝纫机作为服装制造行业的重要设备之一，其生产效率和产品质量的提高离不开嵌入式控制系统的支持。

（一）传统自动缝纫机控制系统的局限性

1.功能受限

传统自动缝纫机的功能通常由预设的程序决定，只能执行基本的缝纫操作，难以满足复杂的缝纫需求。例如，传统控制系统可能无法实现特殊的缝纫效果，如细褶、花边等，限制了其在高级缝纫应用中的作用。

2.缝纫精度不高

传统控制系统下的缝纫机在运动控制和缝纫参数调整方面存在精度不足的问题。这种精度缺陷导致自动缝纫机在执行缝纫任务时无法达到高精度要求，进而影响了缝纫结果的准确性和一致性。

3.维护成本较高

传统控制系统的自动缝纫机通常需要定期维护和维修，维护成本较高。由于传统控制系统的结构复杂、部件繁多，维护人员需要具备专业的技术和知识，维修过程中可能涉及更换部件、调整机械结构等操作，增加了维护的难度和成本。

4.自适应能力差

传统控制系统的自动缝纫机难以根据实时环境和缝纫需求做出灵活地调整和优化。这主要是由于传统控制系统缺乏智能化和自学习的能力，无法根据不同的缝纫任务和面料特性自动调整缝纫参数和工艺，导致缝纫效果的稳定性和一致性不佳。

5.系统响应速度较慢

传统控制系统的自动缝纫机在接收和响应操作指令的过程中存在一定的滞后，无法及时响应操作员的指令。这可能导致操作员的工作效率低下，增加了缝纫时间和成本。同时，对于需要实时调整的缝纫任务，传统控制系统的响应速度也无法满足要求。综上所述，传统自动缝纫机控制系统的局限性不仅影响了生产效率和产品质量，也增加了企业的生产成本和运营成本。因此，寻求新的自动缝纫机控制系统和技术创新，是当前自动缝纫机制造发展的重要方向之一。

（二）自动缝纫机嵌入式控制系统的应用

1.智能线迹检测

通过传感器实时监测缝纫过程中的关键参数，嵌入式控制系统可以实现对线迹的智能检测和调节，提高了缝纫机的自动化程度和缝纫质量。

（1）传感器检测关键参数

嵌入式控制系统通过传感器实时监测线迹张力、材料厚度等参数。传感器可以准确地感知到线迹的张力和材料的厚度，将这些数据传输给嵌入式控制系统。

（2）实时调节缝纫机的速度和力度

根据传感器监测到的参数，嵌入式控制系统可以实时调节缝纫机的速度和力度。当检测到厚重材料时，系统会自动降低缝纫机的速度和力度，避免线迹张力不足导致的缝纫质量问题。而在监测到薄而松散的材料时，系统会自动提高缝纫机的速度和力度，确保线迹能够牢固地穿过材料。

（3）根据预设工艺参数进行调节

嵌入式控制系统可以根据预设的缝纫工艺参数进行精准地调节。在设计缝纫工艺时，可以将不同材料和线迹的特性进行分析，并将相应的工艺参数预设到系统中。实际缝纫时，系统会根据传感器监测到的参数和预设的工艺参数进行比对和调节，确保缝纫机始终以最优的工艺参数进行缝纫。

2.自动识别缝纫任务

嵌入式控制系统通过摄像头获取缝纫物料的图像，然后利用图像识别技术对图像进行分析和处理。图像识别技术通过识别物料的形状、边界和纹理等特征，可以识别出不同的缝纫任务，例如直线缝、曲线缝、边缘缝等。一旦识别出缝纫任务，嵌入式控制系统可以根据任务的特点来自动调节缝纫机的参数。例如，对于直线缝，系统可以调节缝纫机的速度和线迹张力，以确保直线缝的质量和平整度；对于曲线缝，系统可以调节缝纫机的速度和力度，以适应曲线的变化；对于边缘缝，系统可以调节缝纫机的速度和力度，以确保边缘的牢固度和美观度。此外，嵌入式控制系统还可以通过学习算法不断优化自身的识别和调节能力，从而适应不同的缝纫需求。这样可以提高缝纫机的自动化程度，减少人工干预，提高生产效率和缝纫质量。

3. 缝纫参数存储和调用

自动缝纫机的嵌入式控制系统是整个缝纫机的核心部件，它能够存储和管理各种不同的缝纫参数，并根据用户的选择进行相应的调整。一方面，嵌入式控制系统可以存储各种不同的缝纫参数，例如缝纫线的张力、针脚的长度、缝纫速度等。这些参数的不同组合可以实现各种不同的缝纫效果，例如细脚缝、宽脚缝、拉链缝等。用户可以通过操作面板或者其他输入设备，选择所需的缝纫参数，然后嵌入式控制系统会根据用户的选择，调整缝纫机的工作模式。另一方面，嵌入式控制系统可以配备显示屏或者其他输出设备，用于显示当前的缝纫参数和工作状态，方便用户实时监控和调整。用户可以根据显示屏上的信息，对缝纫参数进行微调或者切换到其他预设参数，以满足不同的缝纫需求。例如，用户可以通过显示屏上的菜单或按钮，选择不同的缝纫模式，调整缝纫线的张力或者针脚的长度，以达到所需的缝纫效果。

4. 故障诊断和报警功能

嵌入式控制系统在缝纫机中的应用可以实时监测缝纫机的工作状态，包括缝纫机的速度、温度、电流、压力等参数。传感器实时采集这些参数，通过嵌入式控制系统进行处理和分析。一旦嵌入式控制系统检测到异常情况，例如缝纫机速度过高或过低、温度过高、电流过大等，系统会立即发出警报信号，提示操作员注意。这样可以及时发现问题并进行处理，避免设备损坏或发生事故。嵌入式控制系统还可以进行故障诊断，通过分析异常情况的发生原因，可以确定缝纫机可能存在的故障，并向操作员提供相应的故障诊断信息，以便及时修复。这样可以减少维修时间和成本，并确保缝纫机的正常运行。

（三）自动缝纫机嵌入式控制系统的实现路径

1. 系统需求分析

系统需求分析是嵌入式系统设计中的重要步骤，需要充分考虑市场需求和用户期望，明确系统需要具备的功能和性能。针对自动缝纫机的需求，可以分为以下五个方面进行详细分析。

（1）自动选择不同的缝纫程序和样式

系统需要具备智能识别和选择不同的缝纫程序和样式的能力。这涉及对不同缝纫程序和样式的识别和存储，以及对应的操作界面设计，使用户能够方便地选择并使用不同的缝纫程序和样式。

（2）自动调节缝纫速度和线张力

系统需要根据缝纫材料的厚度、材质和线迹的特性，自动调节缝纫机的速度和线张力，以保证缝纫质量。这需要精确的传感器监测和智能的控制算法来实现。

（3）自动检测线断、线头和缝纫针的位置

系统需要具备检测线段、线头和缝纫针位置的功能，以及时发现并处理这些问题，避免影响缝纫质量。这涉及传感器的应用和信号处理算法的设计。

（4）自动调节缝纫针的升降和转动

系统需要能够根据不同的缝纫程序和样式，自动调节缝纫针的升降和转动，以适应不同的缝纫需求。这需要精确的控制机构和智能的控制算法。

（5）实现与外部设备的数据交互

系统需要能够与外部设备进行数据交互，如显示屏、蓝牙或无线网络等，以实现远程监控和控制，提高系统的灵活性和便捷性。这需要设计合适的通信接口和协议，确保数据的安全和可靠传输。

2.系统硬件设计

（1）嵌入式主控板

选择一款高性能、低功耗的嵌入式主控板作为核心控制单元，如 ARMCortex-M 系列的微控制器。该主控板需要具备足够的计算和存储能力，以及多个通用输入输出引脚（GPIO）用于连接其他外部设备。

（2）传感器

集成各种传感器，如缝纫机电机的位置传感器、用于检测布料位置的光电开关传感器、断线检测传感器等，这些传感器可以实时感知系统的状态和环境信息。

（3）执行器

集成缝纫机电机作为执行器，通过控制电机的转速和转向实现对缝纫机的控制。此外，还可以集成其他执行器，如风扇、LED 灯等。

3.软件设计

（1）实时操作系统

选择一款实时操作系统作为嵌入式控制系统的操作系统，如 FreeRTOS、RTX 等。实时操作系统可以提供任务调度、中断处理等功能，确保系统的实时性和可靠性。

（2）控制算法

根据缝纫机的需求，设计合适的控制算法。例如，可以采用比例积分微分（PID）控制算法来控制缝纫机电机的转速和位置。控制算法需要根据传感器数据进行实时计算，并将计算结果通过主控板的 GPIO 输出给执行器。

（3）用户界面

设计一个用户界面，通过触摸屏或按钮等输入设备，用户可以选择不同的缝纫模式、设置缝纫机的参数等。用户界面可以通过主控板的 GPIO 与其他硬件模块进行通信，并通过显示屏或 LED 等输出设备将结果显示给用户。

4.硬件电路设计

在硬件电路的设计中，需要根据系统的功能需求进行电路设计。根据传感器和执行器的种类和数量，设计相应的接口电路，确保能够将它们连接到主控板上。在设计接口电路时，需要考虑传感器和执行器的工作电压、通信协议以及电流要求等因素。在连接传感器和执行器时，需要注意正确地连接它们的引脚，确保信号的正确传输。可以使用引脚映射表或引脚图来指导连接。此外，还需要设计电源电路，为各个模块提供稳定的电源供应。根据不同模块的工作电压要求，选择适当的电源电压，并设计相应的电源电路，如稳压电路或电源管理模块，以确保电源的稳定性和可靠性。在硬件电路的设计过程中，应根据系统的尺寸和模块的大小，合理布局各个模块的位置，以便于连接和维护。同时，需要考虑散热和防护等问题，确保系统的稳定性和可靠性。

5.软件开发

软件开发是自动缝纫机设计中至关重要的一环，它基于实时操作系统进行，使用相应的编程语言进行软件开发。在软件开发过程中，需要考虑以下五个方面。

（1）控制算法设计

软件开发需要设计控制算法，根据传感器的反馈数据实现自动调节缝纫速度和线张力等功能。通过对传感器数据的处理，控制系统可以智能地调整缝纫机的运行参数，以适应不同的缝纫需求。

（2）用户界面设计

软件开发还需要开发用户界面，实现与用户的交互。用户界面可以在缝纫机上的显示屏上实现，用户可以通过触摸屏或按键来选择缝纫程序和样式等。控制系统会根据用户的选择来调节缝纫机的运行，提高用户体验。

（3）系统调试和测试

在软件开发过程中，需要进行系统调试和测试，确保软件的稳定性和可靠性。通过模拟实际使用场景，发现并解决潜在的问题，保证软件在不同情况下都能够正常运行。

（4）性能优化

为了提高软件的效率和性能，软件开发还需要进行性能优化。通过优化算法和代码，使软件能够更快地响应用户操作，并保持稳定地运行状态。

（5）其他工作

除了以上工作，软件开发还需要进行文档编写、团队协作等工作。文档编写包括软件需求规格说明书、设计文档、用户手册等，这些文档对于软件开发和后续维护都具有重要意义。

6.系统集成和测试

在系统级测试中，需要对整个系统进行综合测试，以确保各个功能的正常工作和协同工作。例如，需要测试自动调节缝纫速度和线张力的功能，以确保在不同的缝纫情况下能够自动调节速度和线张力，以达到最佳缝合效果。同时，还需要测试自动检测线断和线头的功能，以确保在线断或线头出现时能够及时发现并进行处理。根据测试结果和用户反馈，可以对系统进行优化和改进。例如，通过对控制算法的改进和调优可以提高缝纫机的性能和稳定性。这可能涉及对缝纫速度和线张力调节算法的优化，以提高缝合质量和速度。此外，根据市场需求，还可以添加新的功能或改进用户界面，以提升用户体验和竞争力。在优化和改进过程中，需要进行持续的测试和验证，包括性能测试、稳定性测试、兼容性测试等，以确保系统在各种情况下都能正常工作。同时，还需要结合用户反馈和市场需求，进行迭代开发和测试，以不断改进系统的功能和性能。

第三节　物联网基础

一、物联网的概念

（一）物联网的定义

1.物联网的概念

物联网（Internet of Things，IoT）是指利用各种信息传感器、控制器、通信技术等手段，将各种信息传输设备和物品连接到互联网，实现信息交换和智能控制的技术系统。物联网通过感知、识别、定位、追踪、监控、管理和控制各类实物物体，实现人与物、物与物之间的智能互联。随着物联网技术的不断发展和应用，物联网已经成为信息技术领域的一个热门话题，对于推动数字经济和智能化社会建设具有重要意义。

在物联网中，信息传感器起着至关重要的作用，它们可以感知物体的各种参数，如温度、湿度、压力、光照等，并将这些信息转换成数字信号，传输给物联网系统。控制器则负责根据接收到的信息，控制物体的运行状态，实现智能化的控制。通信技术则扮演着连接各种设备和物品的桥梁，使得它们能够互相通信、交换信息。

物联网的核心理念是将一切物品连接到互联网，实现物与物、人与物之间的智能互联。通过物联网技术，我们可以实现远程监控家庭设备、智能化管理生产流程、实时监测环境数据等，为我们的生活和工作带来了许多便利和可能性。物联网的发展还将促进各行各业的数字化转型和智能化升级，推动经济社会的持续发展。

2.物联网的作用

物联网的出现和发展，极大地改变了我们的生活方式和工作方式，使得生活更加智能化和便捷化。通过物联网技术，我们可以实现远程控制家庭设备，如智能家居系统可以通过手机 App 实现远程控制灯光、空调、窗帘等设备，让我们可以在外出时就能控制家中设备，提高了生活的舒适度和便利性。在工业生产中，物联网可以实现智能化管理生产流程，通过传感器监测生产环节，实时采集数据并传输到管理系统，使生产过程更加高效和智能化。此外，物联网还可以实时监测环境数据，如空气质量、水质等，帮助我们及时了解环境状况并采取相应的措施。

物联网的作用不仅在于提高生活和工作的便捷性，还可以促进资源的有效利用和环境的保护。通过物联网技术，我们可以更加精准地控制能源的使用，提高能源利用效率，减少能源浪费，达到节能减排的目的。同时，物联网还可以帮助监测环境污染情况，及时采取措施减少污染物的排放，保护环境。因此，物联网的出现和发展对于推动社会经济的可持续发展和环境保护具有重要意义。

（二）物联网的特点

1.实时性

物联网的实时性是指其能够实时监测和响应环境变化的能力。这种能力是通过各种传感器获取环境数据，并将这些数据通过网络传输至数据中心或云端进行处理和分析来实现的。实时性的重要性体现在物联网可以使我们更加及时地获取环境信息，从而可以及时采取相应的措施或调整。例如，在智能交通系统中，物联网可以实时监测道路交通情况，包括车流量、车速、交通事故等信息，根据这些实时数据调整交通信号灯的时间，优化交通流量，减少交通拥堵，提高道路通行效率。在工业生产中，物联网可以实时监测设备运行状态和生产过程中的各项指标，及时发现问题并采取措施，保证生产过程的稳定性和效率。总的来说，物联网的实时性使得我们可以更加及时地获取和处理信息，从而提高了生活和工作的效率和便利性。

2.智能化

物联网作为信息技术和现代通信技术的结合体，在智能化方面具有显著的优势。通过物联网，各种设备和系统可以实现信息共享和智能化控制，从而提高生产效率和生活质量。其中，物联网的智能化应用主要体现在数据分析和自动化决策两个方面。

第一，物联网可以通过分析大数据实现智能化。随着传感器技术和信息通信技术的不断发展，物联网可以实时收集和传输大量数据。利用人工智能（Artificial Intelligence，AI）和机器学习（Machine Learning，ML）等技术，物联网可以对这些数据进行深度学习和分析，挖掘出其中的规律和关联性。通过这种方式，物联网可以为企业和个人提供更加智能化、个性化的服务和决策支持。

第二，物联网可以通过自动化决策实现智能化。在物联网环境下，各种设备可以通过互联互通实现协同工作。利用物联网平台和智能算法，设备可以根据实时数据和预设条件自动做出决策，并控制设备的运行状态。例如，智能家居系统可以根据家庭成员的习惯和需求，自动调节室内温度和照明，提高能源利用效率。另外，工业生产中的智能制造系统也可以通过物联网实现生产过程的智能化控制，提高生产效率和产品质量。

3.可控性

物联网的一个重要特点是可控性，即可以远程对物联网设备进行控制和管理。通过网络连接，用户可以随时随地通过智能手机、电脑等终端设备对物联网中的设备进行远程监控、操作和管理，从而实现了远程控制的功能。这种远程控制不仅提高了设备的可操作性，也提高了用户的生活和工作便利性。

在医疗健康领域，物联网的远程控制功能得到了广泛应用。例如，远程医疗系统可以让医生远程监测患者的生理参数，如心率、血压等，实现远程诊断和治疗。通过与传感器等设备的连接，医生可以实时获取患者的健康数据，及时发现异常情况并采取相应措施，提高了医疗服务的效率和质量，同时也方便了患者就医。

除了医疗健康领域，物联网的远程控制功能也在其他领域得到了广泛应用。在智能家居中，用户可以通过手机远程控制家庭电器的开关和调节，如空调、灯光等，实现了智能化的家居管理。在工业生产中，物联网可以实现对生产设备的远程监控和控制，提高了生产效率和生产质量。

二、物联网的基本原理

（一）感知层

感知层是物联网的基础，通过各种传感器获取环境信息，如温度、湿度、光线等，并将这些信息转换成数字信号。

1.传感器类型的多样性

（1）温度传感器

温度传感器是感知层中常见的传感器之一，它可以测量环境的温度，并将温度值转换为电信号输出。在物联网中，温度传感器被广泛应用于环境监测、温控设备等方面。

（2）湿度传感器

湿度传感器用于测量环境的湿度水平，将湿度值转换为电信号输出。在农业、气象等领域，湿度传感器的应用可以帮助监测环境湿度，实现智能化的环境控制。

（3）光线传感器

光纤传感器用于测量环境的光照强度，将光照强度转换为电信号输出。在智能照明、光伏发电等领域，光纤传感器的应用可以实现对光照的实时监测和控制。

2.信息转换和处理

（1）模数转换器

传感器采集到的模拟信号需要经过模数转换器（ADC）转换成数字信号，以便于后续的数字信号处理和分析。ADC的精度和速度对于数据的准确性和实时性具有重要影响。

（2）微控制器或专用芯片

转换成数字信号的数据需要经过微控制器或专用芯片进行处理和分析，以提取有用的信息并做出相应的响应。微控制器的选择需根据传感器类型和数据处理需求来确定。

（3）数据处理和分析

通过微控制器或专用芯片进行的数据处理和分析，可以实现对环境数据的实时监测和分析，为后续的数据传输和应用提供支持。

3.环境数据的获取和存储

（1）本地存储设备

感知层获取的数据可以存储在本地存储设备中，以备后续的数据分析和应用。本地存储设备可以是存储卡、闪存等，具有一定的存储容量和读写速度。

（2）云端存储

感知层获取的数据也可以传输到云端进行存储，以实现数据的集中管理和共享。云端存储可以提供更大的存储空间和更高的可靠性，适用于大规模数据的存储和管理。

（二）传输层

传输层负责将数字信号传输到网络中。传输层采用各种通信技术，如无线通信、有线通信等，将感知层获取的信息传输到网络中。

1.技术的多样性

（1）蓝牙技术

蓝牙技术是一种短距离无线通信技术，适用于设备之间的近场通信。在物联网中，蓝牙技术常用于智能家居、智能穿戴设备等场景中，能够实现设备之间的数据传输和连接。

（2）Wi-Fi技术

Wi-Fi技术是一种局域网无线通信技术，适用于设备与局域网之间的无线连接。在物联网中，Wi-Fi技术广泛应用于智能家居、智能办公等场景中，能够实现设备与网络的连接和数据传输。

（3）LoRa技术

LoRa技术是一种低功耗远程无线通信技术，适用于远程传感器与基站之间的通信。在物联网中，LoRa技术常用于农业、环境监测等需要远程监测的场景中，能够实现设备与基站之间的长距离通信。

（4）ZigBee 技术

ZigBee 技术是一种低功耗短距离无线通信技术，适用于设备之间的低功耗通信。在物联网中，ZigBee 技术常用于智能家居、工业自动化等场景中，能够实现设备之间的低功耗通信和连接。

2.数据传输的可靠性和实时性

（1）可靠性

传输层需要确保数据传输的可靠性，即确保数据能够准确、完整地传输到目标设备或系统中，避免数据丢失或损坏。为实现数据可靠传输，可以采用数据校验、重传机制等技术。

（2）实时性

传输层在某些场景下需要保证数据传输的实时性，即确保数据能够在规定的时间内传输到目标设备或系统中。为实现数据的实时传输，可以采用优先级调度、实时传输协议等技术。

3.数据加密和安全措施

（1）数据加密

传输层需要采取数据加密技术，对传输的数据进行加密，以防止数据被未经授权的用户获取或篡改。常用的加密技术包括对称加密、非对称加密等。

（2）安全措施

传输层需要采取安全措施，保障物联网系统的安全性。安全措施包括身份验证、访问控制、数据完整性检查等，以确保数据传输过程中的安全性。

（三）网络层

网络层负责将传输层传输过来的信息传输到目标设备或系统中。网络层通过互联网或专用网络将信息传输到目标设备或系统中。

1.网络架构的设计和优化

（1）边缘计算

边缘计算是一种将计算和数据存储靠近数据源头的计算模式，能够降低数据传输的延迟和成本，提高数据处理的效率。在物联网中，边缘计算常用于对实时数据的处理和分析。

（2）云计算

云计算是一种基于互联网的计算模式，能够提供各种计算资源和服务。在物联网中，云计算常用于存储和管理大量的数据，实现数据的集中管理和共享。

（3）网络架构优化

网络层需要根据实际需求设计合理的网络架构，包括边缘计算和云计算的结合，以实现信息的快速传输和处理。网络架构优化需要考虑网络拓扑结构、数据传输路径等因素，以提高网络的性能和可靠性。

2.数据路由和转发

（1）数据路由

数据路由是指确定数据传输的路径，确保数据能够准确地传输到目标设备或系统中。在物联网中，数据路由需要考虑网络拓扑结构、设备位置、数据量等因素，以确定最佳的传输路径。

（2）数据转发

数据转发是指将数据从源设备或系统传输到目标设备或系统的过程。在物联网中，数据转发需要实现数据的分组、打包和解包，确保数据能够按照设定的路由传输到目标设备或系统中。

3.云端服务和管理

（1）设备管理

网络层需要提供设备管理功能，包括设备注册、认证、监控等，以确保物联网设备能够正常工作并接入网络。

（2）数据分析

网络层需要提供数据分析功能，对传输过来的数据进行分析和处理，提取有用的信息并做出相应的响应。数据分析可以帮助用户更好地理解数据，并做出正确的决策。

（3）远程控制

网络层需要提供远程控制功能，用户可以通过网络远程控制物联网设备，实现设备的远程监控和操作。

第四节　物联网应用案例分析

一、智能家居

在当今的物联网趋势下，随着信息技术的发展，智能化家居产品也在人们的生活中得以应用。这是当今时代智能化生活开始的标志，也是人们生活质量与便捷性得以全面提升的一个重要发展方向。为实现智能家居产品应用质量的提升，满足人们的实际应用需求，对其设计策略进行分析，以促进物联网趋势下智能家居产品的科学设计与应用。

（一）物联网趋势下的智能家居产品特征

智能家居产品的主要设计特征应包括以下五个方面。

1.实现智能家居用户和电网企业之间的有效互动

智能家居产品通过与电网企业的连接，实现用电信息和电价信息的自动化获取。用户可以通过智能家居系统，实时了解家庭的用电情况和电价信息，从而做出更加科学合理的用电决策。例如，根据电价信息调整家庭用电计划，选择在电价较低的时段使用高耗电设备，从而节约用电成本。此外，智能家居产品还可以实现线上用电缴费，让用户享受到更加便捷的用电服务。

2.实现智能家居和水表、燃气表等表的连接

智能家居产品可以与水表、燃气表等表进行连接，实现自动缴费和用量监测。用户可以通过智能家居系统，实时了解水和燃气的使用情况，避免因忘记缴费而导致的停水、停气等情况发生。同时，智能家居产品还可以根据用户的使用习惯和需求，提供节水、节气的建议，帮助用户更加合理地利用资源。

3.借助手机、电话或互联网进行智能家居的远程控制

智能家居产品可以通过手机、电话或互联网等方式进行远程控制，让用户随时随地都可以控制家中的设备和系统。用户可以通过手机 App 远程控制家中的灯光、空调、窗帘等设备，实现智能化的家居体验。此外，智能家居产品还可以

通过电话或互联网向用户发送家庭的实时状态和异常提醒，让用户及时发现并处理家庭中的问题。

4.实现智能家居和建筑安防系统的有效连接

智能家居产品可以与建筑安防系统进行连接，实现家庭安全的监控和管理。通过智能家居系统，用户可以实时监控家中的安防设备，如摄像头、门窗传感器等，及时发现并处理安全问题。此外，智能家居产品还可以与社区主站进行网络互连，获取到更加优质、便捷的智能服务，如社区活动信息、物业服务等。

5.实现智能家居与生活相关服务之间的信息互联

智能家居产品可以与生活相关服务进行信息互连，为用户提供更加便利的生活服务。例如，智能家居产品可以与超市、快递公司等服务商进行连接，实现智能订购和配送服务。用户可以通过智能家居系统，直接下单购买商品或安排快递送货，享受到更加便捷的生活服务体验。

（二）物联网趋势下的智能家居设计分析

1.灯光的智能控制

通过智能家居产品的合理设计，用户可以用智能化的方式来进行室内灯具的良好控制。在此类智能家居产品的具体应用中，用户只需要将相应的智能化控制App与智能灯具匹配，在匹配成功之后，便可通过这个App对室内智能灯具进行设置，包括智能灯具的开启时间、关闭时间、灯光颜色和灯光亮度等设置。比如，在人睡觉时，可以直接通过手机App来关灯，不需要起床来按动开关来关灯；又如，用户也可以通过手机App将灯光亮度设置为亮度补充模式，在早晨、黄昏或者是阴天里，智能灯具便可根据室内的实际光照条件来进行自动化、智能化的亮度调整，在满足室内实际照明需求的基础上达到最大化的节能效果。另外，借助于手机App，也可以实现智能灯具的远程监控，比如在深夜加班的情况下，为制造一种家中有人的假象，便可通过智能灯具控制App来设置家中智能灯具的开启与关闭时间。

2.窗帘的智能控制

窗帘对于室内采光和隐私保护至关重要，因此窗帘的智能化控制旨在提供便利、舒适和安全的居家体验。在智能家居系统中，用户可以通过智能控制App

实现对窗帘的远程控制，无需亲自动手即可调整窗帘的开合程度，满足不同场景下的需求。

举例来说，在寒冷的冬日早晨，用户可以利用智能控制 App 将窗帘远程打开，享受温暖的阳光，而不必离开被窝。同样地，在晚上回家时，用户也可以通过智能控制 App 将窗帘关闭，增加室内的安全性和隐私性。除了远程控制，窗帘的智能化设计还可以通过定时设置实现自动化控制，比如根据用户的作息时间或天气情况设定窗帘的开合时间，提高居住舒适度和能源利用效率。

在物联网趋势下，窗帘的智能化控制还可以与其他智能设备实现联动，实现更智能、更便捷的家居体验。例如，当用户打开智能家居的"回家模式"时，窗帘可以自动打开，灯光可以自动调节，空调可以自动调整到适宜的温度，为用户营造舒适的回家环境。通过这些智能化设计，窗帘不仅仅是简单的家居装饰品，更成为智能家居系统中重要的功能组成部分，为用户提供更加便捷、舒适、安全的居家体验。

3.环境的智能控制

（1）安全环境的智能控制

安全环境的智能化控制就是借助于智能家居和智能化的控制方式来保障用户住所的安全性，其中最为关键的智能家居设备是家用摄像头和智能门禁装置。在家用智能摄像头的应用中，用户可将其与手机上的智能家居控制 App 绑定，然后直接通过手机来进行家中实际情况的监控，以此来掌握家中的实时动态，比如是否有小偷进入，以及保姆、婴儿或宠物等的活动情况等。而在智能门禁设备的应用中，可通过密码解锁、指纹解锁和人脸识别等的形式来进行智能化设置，以此来确保用户的居住安全，防止不法分子进入。而在当今的物联网趋势下，用户的智能门禁设备也可以直接进行联网报警功能的设置，在遇到非法破坏等情况时及时发出报警，以此来保障用户安全。

（2）室内环境的智能控制

室内环境的智能化控制就是借助于智能化家居产品，对室内的温度和湿度等各项环境参数进行调节。在南方，空调是冬季里的必备家居设备，而智能化空调也开始逐渐成了成为当今南方居民的生活首选。下班之后，用户可以通过智能家居控制 App 提前将家里的空调打开来进行预热，以此来提升室内的舒适度，为用户带来更好的居住体验。在当今，雾霾情况也比较常见，用户家中可以配备一台智能化的空气净化器，通过智能家居控制 App 对其进行控制，家中无人时关闭电源，用户回家前再通过 App 将其开启，这样不仅可以保障室内空气质量，让用户的家居生活更加舒适、健康，同时也可以达到良好的节能效果，避免出门前忘记关机所造成的电能浪费。

4. 家电的智能控制

就目前的智能家居产品市场来看，绝大部分的产品都属于智能家电，主要包括智能电视机、智能电视机顶盒、智能洗衣机、智能电饭煲和智能扫地机器人等。

通过智能电视机及其机顶盒的应用，可以让传统的电视观看模式得以全面转变，用户可直接通过互联网来搜索想要观看的节目，不再受传统形式的电视台和节目单限制，全面提升用户的应用体验；通过智能洗衣机的应用，用户可直接用 App 来进行定时开启，而智能 App 则会为用户提供阶梯电价条件下的最优使用方案，这样便可帮助用户避开用电高峰，在合理用电的基础上，实现经济效益的最大化。

借助于智能电饭煲，则可以在特定的时间内帮助用户完成煮饭这项任务，具体应用中，用户只需要将洗好的米放入智能电饭煲中并加入水，然后开启智能电饭锅，便可进入到煮饭状态，在煮好饭之后，智能电饭煲会自动进入到保温状态。但是在此过程中，用户应尽量避免米长时间被水浸泡，以此来确保米饭的口感。

随着当今社会居民生活质量的提升，智能化的扫地机器人也开始逐渐走进了人们的日常生活。具体应用中，可通过智能控制 App 来控制智能扫地机器人的扫地活动，包括开启、关闭和运行轨迹等；同时，智能化扫地机器人也具有自动充电装置，可及时进行电能补充，保障用户日常生活中的正常使用，为用户的家居生活提供足够便利。

二、智能交通

物联网技术是计算机、互联网及移动通信技术发展的延续，为城市智慧交通系统注入了新的发展动力。加快城市智能交通物联网发展，建立并完善物联网技术为基础的智能交通信号采集与控制系统，可将城市道路、行人、车辆等情况实时传递给其他车辆和行人，既能实现车辆及路况信息快速传递和实时感知，又能对城市交通信息空间进行高效、智能管控，可促进城市交通效率和安全性提升，对加快城市交通高质量发展具有不可替代的作用。

（一）智能交通物联网概述

物联网的基本含义是物与物之间的相互联系，主要通过物物之间的相互通信而建构起的高效信息传递和交换网络系统，目前，社会各界对于物联网的定义有很多，通常认为物联网是一种借助射频识别、定位系统、传感网络、感知技术、无线通信等信息传感设备，在约定协议前提下，将物品与物品通过互联网联系起来，实现信息交换及通信的网络系统。自物联网概念提出以来，社会各界均对其进行了拓展和延伸，在此基础上，传感器、智能终端等技术也在以较快速度高效发展。

智能交通物联网建设是物联网技术的一个典型应用，主要是依据城市交通实际情况，将物联网技术充分且合理应用于交通运输领域中，依托传感技术、通信技术、互联网技术等，实现交通要素唯一化，并与互联网络相连接，最终达到交通要素互联互通、实时获得交通运行情况的目标，从而解决城市交通运输中出现的道路拥堵和交通效率过低的问题，继而有效降低城市交通事故发生的可能性，还能提升车主的出行体验感，提高出行乐趣。

（二）智能交通物联网的功能结构与应用

影响城市道路通畅的因素主要包括人、车、路和环境四个方面，城市智能交通物联网主要针对这四大基本因素而有针对性地设置功能系统，具体包括交通车速监管、城市道路车流量检测、停车场管理、交通信号灯设置等环节，通过物联网技术的感知性和交互性特征，不断推进城市交通运输领域安全、畅通、高效发展。

1. 车速监管

近年来，由于车辆超速行驶引发的安全事故频发，加强对城市道路车辆速度的监管成为提升交通安全性的重要举措。利用智能交通物联网技术，可以在城市道路口位置设置停止线，并通过 Canny 边缘检测算法对车辆的速度进行监测。同时，借助压力传感器和加速度传感器，可以有效采集并处理往来车辆的速度参数，实现对车速的监管。

交通检测器在城市车速监管中扮演着至关重要的角色。它能够实时采集车辆的速度数据，并监控设备的运行状态。采集的数据可以及时传输到本地控制器或城市交通监控中心设备，以便针对具体数据提出详细、有针对性的解决方案。这种监管方式有助于提高道路运输的效率和管理质量，有效减少超速行驶引发的交通事故，为城市交通安全提供了有力保障。

2. 道路车流量监测

城市人口增多与车辆增多存在关联性，目前，随着城市人口的不断扩大，城市道路拥堵问题日益凸显，而进行有效的城市道路车流量监测对优化道路资源、解决道路拥堵问题具有重要意义。智能交通物联网射频识别（RFID）技术通过在城市道路两边安装 RFID 阅读器设备，对车辆安装 RFID 阅读标签，可有效实现道路车流量的监测。在 RFID 技术实际应用过程中，RFID 阅读器可真实记录车辆经过的相关信息，通过对相邻两个 RFID 阅读器车辆经过数据的分析，能帮助交通管理平台对路段车流量进行检测，此外，在救护车、消防车、警车等特殊车辆通过时，RFID 阅读器能精准检测并快速传递给交通管理部门，实现对城市道路路口信号灯的科学控制和调整，确保特殊车辆的安全、快速通行。

3. 城市停车管理

采用智能交通物联网技术代替传统的人工停车管理方式，加大车辆自动识别系统、监控系统、收费系统与物联网技术的融合，不仅能降低人工成本，还能极大提升城市停车管理的效率和质量，对促进城市停车场的合理利用具有重要价值。车辆自动识别系统具体包括中央控制器、识别装置及探测器等，车辆采用磁卡、IC 卡、条码卡等，在经过进出口时，识别装置可将结果发送给中央控制器，由中央控制器控制车栏杆开闭，并显示车位情况；监控系统依托车牌影像识别系统对车辆具体情况进行详细记录，在车辆出入时，对系统录入信息进行比对，如信息不符，将拒绝放行，并触发相应安保措施；停车收费系统以地磁传感技术为基础，依据车位停泊车辆停车时长和具体收费标准计算相应的费用。

4. 交通信号灯设置

传统城市交通信号灯控制方式通常采用可编程逻辑控制器（PLC）编程实现，虽然程序简单易行，但设置灵活性较差，容易导致路口一方拥堵一方空闲的情况，影响了城市道路资源的合理配置。智能交通物联网技术的应用为传统城市道路信号灯控制系统带来了新的解决方案。通过将智能交通物联网技术运用于信号灯控制系统，可以极大增强信号灯使用的灵活性和智能化程度。

智能交通物联网技术在信号灯控制中的具体应用包括采用 51 单片机完善相关设置，将路口等灯车辆数量上传至单片机中，依据既定算法计算全部车辆通行时间，并根据车辆行驶实际情况进行动态设置信号灯时长。这种智能化调控方式能够有效促进道路资源的优化配置，避免因信号灯设置不当而导致的交通拥堵和资源浪费问题。

另外，智能交通物联网技术还可以采用红外障碍探测技术检测车辆实际数量，并针对救护车、消防车、警车等特殊车辆设置检测功能，以便及时调整信号灯时长，确保特殊车辆能够快速通行。这种智能化的信号灯控制方式不仅提高了道路交通的效率，也提升了道路交通的安全性和智能化水平，为城市交通管理带来了新的发展机遇。

三、智能医疗

（一）智能医疗

智能医疗是利用人工智能、大数据分析和物联网等技术，对医疗系统和医疗服务进行数字化升级的重要领域。它利用先进的技术手段，如 3D 打印、机器人系统、可穿戴医疗设备等，将互联网技术应用于医疗领域，以提高医疗服务的质量和效率，实现个性化诊疗、精准治疗和医疗决策辅助等功能。

在智能医疗领域，智能医学作为一个新兴的学科体系，正在迅速发展。它涵盖了医学影像、辅助诊断、外科手术、医院管理、医药研发、医疗体系等各个方面。通过智能医疗技术，医疗机构可以更好地管理医疗资源、提高医疗效率，为患者提供更加便捷和个性化的医疗服务。

目前，智能医疗已经应用了许多前沿技术，如 5G 医疗、医疗云平台 / 大数据、先进材料合成、4D 打印等。其中，5G 医疗技术的应用可以实现远程医疗诊断和手术指导，大大提高了医疗资源的利用效率。医疗云平台和大数据分析技术可以帮助医疗机构更好地管理医疗数据，为医疗决策提供科学依据。先进材料合成和 4D 打印技术则为医疗器械和人工器官的制造提供了新的途径，有助于改善医疗设备的质量和性能。

（二）开发智能医疗的关键技术

1. 智能识别技术

智能识别技术是一种基于人工智能技术和模式识别技术的技术，采用了物联网技术，是指通过 RFID、传感器、红外传感器、激光条码扫描、图像识别等信息传感设备与网络通信协议达成协议，将所需的监控项目与互联网连接，进行信息交换和通信。智能识别技术可以用于各种领域，如机器人、安防、智能家居、自动驾驶、医疗等。在医疗领域中，智能识别技术可以用于医学影像分析、疾病诊断、药物研究等方面。例如，在医学影像领域，智能识别技术可以通过对影像数据的分析和学习，实现对不同疾病的自动识别和分类。另外，在药物研究中，智能识别技术可以通过对药物分子结构和活性的分析与学习，实现对新药物的设计和筛选。

2. 信息融合技术

信息融合技术是一种利用多个来源的信息，通过数据分析、处理和集成，生成更加全面、准确、可靠的信息的技术。在信息融合技术中，不同来源的信息可以是多种类型的数据，如文本、图像、视频、传感器数据等，通过合理的算法和模型，将这些信息进行整合和分析，从而提取出有用的信息和知识。在医疗领域，信息融合技术被广泛应用于医疗诊断、疾病预测、医疗决策等方面。例如，在医学影像领域，医学影像融合技术可以将不同模态的影像数据进行融合，生成更加全面、准确的影像信息，帮助医生更加准确地判断疾病。另外，在慢性疾病管理中，信息融合技术可以将多种传感器数据进行整合和分析，提取出患者的生理参数、行为特征等信息，为医生提供更加全面的患者健康状况评估和管理建议。

3. 可穿戴技术

在医学领域，可穿戴物联网设备被广泛应用于监测患者的健康状况。这些设备中嵌入的传感器可以测量各种信号或参数，包括生理、环境或运动方面的数据。

可穿戴技术的应用领域非常广泛，除了医学领域，还包括运动健康、智能家居、娱乐等多个领域。在医学方面，可穿戴设备可以监测患者的心率、血压、体温等生理参数，帮助医生及时了解患者的健康状况。在运动健康领域，可穿戴设备可以监测用户的运动情况，如步数、距离、消耗的卡路里等，帮助用户科学合理地进行运动锻炼。在智能家居方面，可穿戴设备可以与家庭中的智能设备连接，实现远程控制家电、监控家庭环境等功能。在娱乐领域，可穿戴设备可以提供沉浸式的虚拟现实体验，让用户身临其境地体验游戏、电影等娱乐内容。

4. 云计算技术

云计算的本质是将计算能力视为一种服务，用户无需关心底层的硬件设备和软件环境，只需按需使用云服务提供的资源即可。云计算的优势包括灵活性高、成本低、易于扩展等。

在医疗领域，云计算技术的应用非常广泛。首先，云计算可以用于电子病历管理。通过将医疗机构的电子病历数据存储在云端，可以实现数据的集中管理和共享，医生可以随时随地查看患者的病历信息，提高诊疗效率。其次，云计算可以用于医疗数据分析。医疗机构可以将患者的医疗数据上传至云端，借助云计算平台的强大计算能力和数据分析算法，实现对医疗数据的深度分析，帮助医生更好地了解患者的健康状况，制定更有效的治疗方案。此外，云计算还可以用于医疗资源共享。医疗机构可以将设备、人力等资源信息上传至云端，实现医疗资源的共享和协作，提高资源利用效率，优化医疗服务流程。

总的来说，云计算技术在医疗领域的应用为医疗服务提供了新的思路和方式，有助于提高医疗服务的质量和效率，促进医疗卫生事业的发展。随着云计算技术的不断发展和普及，相信其在医疗领域的应用将会更加广泛和深入。

（三）智能医疗技术发展的挑战

尽管随着物联网、人工智能、大数据等技术的不断发展，智能医疗领域也呈现出快速的发展趋势。但是，智能医疗的发展仍然面临着一些挑战，主要包括以下两个方面。

1. 数据安全

安全智能医疗技术通过互联网、传感器、移动设备等技术手段，收集患者的医疗数据和生理信息，进行分析和处理，提供个性化的医疗服务。但是，在数据采集和分析过程中，也存在数据隐私泄露的风险。那么医疗数据的安全就会显得格外重要。若其中系统出现一些漏洞，被不法分子加以利用，那么产生的后果将是无法想象的。因此必须保障网络安全风险防控能力，例如，建立安全网和防火墙来防止入侵、限制数据收集和使用范围、建立安全存储和访问机制等。

2. 技术问题

虽然当代社会许多技术已经可以用于智能医疗中，但还是有许多的技术难题等待解决。例如，算法模型的不确定性，智能医疗技术很多技术的核心是算法模型，但是算法模型的复杂性和不确定性使得模型难以解释和优化，也难以在实际应用中得到验证和推广；数据采集和处理中，智能医疗的首要任务便是要先收集数据，但是如何有效采集和处理这些数据是一个技术难题。例如，如何保证数据的质量和准确性，如何处理大量的数据以提高分析的精度和速度等问题。

（三）基于物联网技术的智慧医疗系统应用

1. 家庭健康管理系统

家庭健康管理系统是一种基于物联网技术，旨在通过多种传感器和智能设备实现家庭健康监测和管理的系统。该系统可以实时监测家庭成员的健康状况，如心率、血压、体温等生理指标，以及睡眠、运动、饮食等生活方式信息。家庭健康管理系统可以包括各种健康监测设备，例如，智能手表、智能体重秤、血压计、心率监测器、血糖监测仪等。这些设备可以将健康数据传输到应用程序或云端平台，用户可以随时查看自己和家人的健康数据，并与医疗保健专业人员分享这些数据，以获取更好的医疗保健建议和指导。

2.医疗设备管理系统

随着科技的快速发展，现代医疗设备呈现大型化、超小型化、运行高速化、功能高级化、自动化、复杂化等发展趋势。复杂的高度集成医疗设备在维修和维护方面为医院带来了巨大的经济挑战。医疗设备管理系统是一种基于物联网技术的智慧医疗设备管理方案，旨在提高医疗设备的管理效率和服务质量，降低医疗成本，保障患者安全。该系统通过对医疗设备的实时监控、精细化管理和数据实时管理，帮助医院及时发现设备故障、提高设备的利用率和维护效率，减少了维修和维护的成本和时间。同时，该系统还可以提供医疗设备的使用情况和状态数据，帮助医院管理人员做出更加科学合理的设备采购和维护决策，提高了医院的管理水平和服务质量。

3.远程医疗

远程医疗技术是物联网技术在智能医疗领域中的一个重要应用。它可以帮助医生和患者克服时间和空间上的限制，实现远程医疗服务。2023年2月16日，我国在5G网络的加持下，浙江大学医学院附属邵逸夫医院普外科梁霄主任医师通过国产原研微创手术机器人操作台，向万里之遥的新疆兵团阿拉尔医院手术室内机械臂不断发出手术指令，成功为当地一名患者实施了胆囊切除术，这是中国肝胆外科里程碑式的进步，实现了我国首例5G超远程机器人人体肝胆手术零的突破[1]。远程医疗技术可以通过视频会议、远程监测和远程手术等方式实现。例如，远程诊疗系统可以通过视频会议的方式，让患者与医生进行远程会诊，解决患者就医难的问题。远程监测系统可以通过传感器和云端分析技术，实时监测患者的健康状况，及时发现疾病的变化。远程手术技术可以通过机器人手术系统实现，让医生可以在远程操作机器人完成手术，减少手术风险和并发症的发生。

发展远程医疗技术在未来有以下三点好处：第一，在一些偏远地区和发展中国家，医疗资源不足，患者往往需要长时间等待才能得到医疗服务。远程医疗可以通过互联网技术，让医生远程诊断和治疗患者，缓解医疗资源不足的问题。第二，传统的医疗服务需要患者到医院或诊所看病，这往往需要花费很多时间和精力。远程医疗可以通过视频会议和远程监测技术，让医生和患者随时随地进行交

1　张毅.基于 Web Service 的远程医疗平台原型的设计与实现 [D].武汉：华中科技大学，2009.

流和沟通，提高医疗服务的效率和质量。第三，传统的医疗服务需要患者到医院或诊所看病，这需要花费很多的交通费和住宿费。而远程医疗可以让患者在家中接受医疗服务，减少了交通和住宿费用，降低了医疗成本。

4. 医疗大数据

医疗大数据分析是物联网技术在智能医疗领域中的另一个重要应用。医疗大数据可以帮助医疗机构更好地管理和利用医疗数据，提高医疗服务的效率和质量。医疗大数据可以通过云端分析技术，将医疗数据进行整合和分析，提供更加准确和及时的医疗服务。例如，医疗数据分析可以帮助医疗机构更好地了解患者的健康状况，制定更加科学和有效的治疗方案。医疗数据分析可以帮助医疗机构更好地管理和预测医疗资源需求，提高医疗资源的利用效率。

第五章　智能传感器与数据采集

第一节　传感器技术概述

一、传感器的基本原理和分类

（一）传感器的基本原理

传感器是一种将非电信号转换为电信号的装置，其基本原理是利用感受元件的某种特性随被测量量变化而变化的特性，将这种变化转换为容易测量的电信号输出。传感器的工作原理通常包括以下三个方面：第一，传感器通过感受元件对待测量物理量进行感知。感受元件是传感器的核心部件，其性能直接影响传感器的测量精度和灵敏度。常见的感应元件包括电阻、电容、电感等，它们能够根据外界环境的变化而改变其电阻、电容或电感等特性。第二，感受元件的变化被转换成电信号输出。这一过程通常需要通过信号调理电路进行，信号调理电路可以放大、滤波和转换感受元件输出的信号，以便于后续的处理和分析。第三，经过信号处理和转换后的电信号被传输到数据采集设备或控制系统中进行进一步的处理和分析。传感器的输出信号可以是模拟信号或数字信号，具体取决于传感器的类型和工作方式。

传感器根据测量原理和工作方式的不同，可以分为多种类型。常见的传感器包括压力传感器、温度传感器、湿度传感器、光电传感器等。这些传感器在工业生产、环境监测、医疗诊断等领域都有着广泛的应用，为实现智能化、自动化提供了重要的技术支持。

（二）传感器的分类

1.电阻传感器

电阻传感器利用被测量物理量改变电阻值的原理进行测量。它们可以分为两种类型：一种是利用电阻值与被测量物理量成正比的变阻器，另一种是应变片传感器，其电阻值随受力变化而变化。电阻传感器具有简单、成本低、易于实现等特点，在工业生产中得到广泛应用。

2.电容传感器

电容传感器利用被测量物理量改变电容值的原理进行测量。例如，电容式湿度传感器通过测量空气中水汽对电极的影响来计算湿度。电容传感器具有响应速度快、精度高的优点，适用于对环境变化较为敏感的场景。

3.电感传感器

电感传感器利用被测量物理量改变电感值的原理进行测量。例如，变压器通过调节绕组的匝数来改变电感值，从而实现电压的调节。电感传感器具有线性度高、抗干扰能力强的特点，在电力系统和电子设备中得到广泛应用。

4.压力传感器

压力传感器利用被测量压力使灵敏元件变形从而改变电信号的原理进行测量。例如，压电传感器利用压电效应将压力转换为电荷，再经过电荷放大器转换为电压信号。压力传感器具有测量范围广、精度高、响应速度快的优点，适用于工业控制和汽车领域。

5.光电传感器

光电传感器利用光信号的改变来检测被测物理量的变化。例如，光电开关通过检测光束是否被遮挡来实现物体的检测。光电传感器具有无接触、响应速度快的特点，广泛应用于自动化生产线和机器人技术中。

二、智能传感器的特点和优势

（一）智能传感器的特点

智能传感器具有自主感知、自我诊断、自主通信和智能化控制等特点。具体表现在以下三个方面。

1. 自主感知

智能传感器能够主动感知周围环境的变化，并及时反馈。它们通过内置的感知元件和处理单元，能够实时监测和检测环境参数的变化，如温度、湿度、压力等，从而实现对环境的感知和监测。

2. 自我诊断

智能传感器具备自我诊断功能，能够自动检测工作状态并判断是否存在故障。通过内置的检测算法和逻辑判断，智能传感器可以及时发现自身的故障并进行报警或修复，保证传感器系统的稳定性和可靠性。

3. 自主通信

智能传感器能够与其他设备或系统进行通信，实现信息共享和互联互通。通过内置的通信模块，智能传感器可以将采集到的数据传输给上位机或其他设备，实现数据的实时监测、分析和处理，为智能系统提供准确的信息支持。

（二）智能传感器的优势

1. 更高的灵敏度和精度

能传感器在提高数据灵敏度和精度方面具有显著优势。通过内置的处理单元和算法，智能传感器能够实现对数据的实时处理和优化，从而提高了数据的准确性和可靠性。智能传感器在数据采集和处理方面具有更高的精度，能够提供更加可靠和准确的数据支持。

智能传感器通过内置的处理单元和算法，能够实现对数据的实时处理和优化，从而提高了数据的灵敏度和精度。传统传感器通常只能提供原始数据，需要外部设备进行进一步处理和优化，而智能传感器则能够在传感器内部进行数据处理和优化，从而提高了数据的质量和准确性。

智能传感器的内置处理单元和算法能够实现对数据的实时处理和优化，从而提高了数据的灵敏度和精度。传感器在数据采集和处理方面具有更高的准确性，能够提供更加可靠和准确的数据支持。智能传感器还能够根据实际应用场景进行数据处理和优化，进一步提高了数据的质量和准确性。

2. 更强的抗干扰能力

智能传感器相比传统传感器具有更强的抗干扰能力，这主要体现在其内置的抗干扰算法和滤波器上。智能传感器通过内置的抗干扰算法，能够有效地抑制外界干扰信号，保证数据的稳定性和可靠性。在复杂的环境下，智能传感器能够稳定地工作并提供可靠的数据输出，这使得其在各种应用场景中具有广泛的应用前景。

智能传感器的抗干扰能力主要体现在两个方面。一方面，智能传感器内置了抗干扰算法，能够对采集到的信号进行实时处理和优化，从而抑制外界干扰信号的影响。另一方面，智能传感器内置了滤波器，能够滤除杂波和干扰信号，保证数据的稳定性和准确性。这些技术手段使得智能传感器具有更强的抗干扰能力，能够在复杂的环境中稳定地工作并提供可靠的数据输出。

3. 更多的功能和应用场景

智能传感器相较于传统传感器具有更多的功能和应用场景，这主要体现在其集成了更多的功能模块和传感器元件上。智能传感器能够实现更多样化的数据处理和应用，能够根据不同的应用场景和需求进行定制，满足不同领域的需求，具有更广泛的应用前景。

智能传感器集成了更多的功能模块和传感器元件，例如温度传感器、湿度传感器、压力传感器等，能够实现对多种环境参数的监测和检测。智能传感器还具有多种通信接口，能够与其他设备或系统进行通信，实现信息共享和互联互通。这些功能的集成使得智能传感器在各种应用场景中具有广泛的应用前景。

智能传感器能够根据不同的应用场景和需求进行定制，满足不同领域的需求。例如，在工业领域，智能传感器可以用于设备监测和故障诊断；在环境监测领域，智能传感器可以用于空气质量监测和水质监测；在智能家居领域，智能传感器可以用于智能灯光控制和智能家电控制。智能传感器具有更广泛的应用前景，能够为各个领域的发展提供重要的技术支持。

4. 实现数据的实时监测、分析和处理

智能传感器在实现数据的实时监测、分析和处理方面具有显著优势。通过内置的处理单元和算法，智能传感器能够实时监测环境参数的变化，并及时反馈数据。同时，智能传感器能够对采集到的数据进行实时分析和处理，能够及时发现并处理数据异常，保证数据的准确性和可靠性。

智能传感器在数据处理和应用方面具有更强的实时性和可操作性。传统传感器通常只能提供原始数据，需要外部设备进行进一步处理和分析，而智能传感器则能够在传感器内部进行数据处理和优化，实现数据的实时监测、分析和处理。这使得智能传感器能够更快速地响应环境变化，并提高智能系统的响应速度和处理效率。

总的来说，智能传感器在实现数据的实时监测、分析和处理方面具有显著优势。通过内置的处理单元和算法，智能传感器能够实时监测环境参数的变化，并及时反馈数据。智能传感器能够对采集到的数据进行实时分析和处理，能够及时发现并处理数据异常，保证数据的准确性和可靠性。

第二节　智能传感器设计与应用

一、智能传感器设计的基本原理和方法

智能传感器的设计涉及多个方面，包括感受元件、信号调理电路、数据处理单元和通信接口等。在设计智能传感器时，需要考虑这些方面的相互配合，以实现对环境参数的准确感知和数据的可靠处理。

（一）感受元件的选择和设计

1.感受元件的基本原理和分类

感受元件根据其工作原理和所感知的物理量可分为多种类型。例如，根据电学效应可分为电阻型、电容型和电感型传感器；根据压电效应可分为压电传感器；根据光电效应可分为光电传感器等。不同类型的感知元件具有不同的工作原理和特性，适用于不同的应用场景。

2.感受元件的选择方法

在选择感受元件时，需要考虑被测量的物理量、工作环境的温度、湿度、压力等条件以及传感器的灵敏度、精度、响应速度等指标。例如，对于温度传感器，可以选择热敏电阻或热电偶，对于压力传感器，可以选择压阻式或压电式传感器。

3.感受元件的设计原则

设计感受元件时，需要考虑其稳定性、可靠性和环境适应性。感受元件应具有良好的线性特性和稳定的工作性能，在不同的工作条件下具有一致的输出响应。此外，还需考虑感知元件的制造成本和可维护性，以便在实际应用中能够长期稳定地工作。

（二）信号调理电路的设计

1.信号调理电路的作用和重要性

信号调理电路用于对感收元件输出的信号进行处理，包括放大、滤波、线性化等操作，以保证信号的稳定性和可靠性。信号调理电路能够使传感器输出的信号符合标准信号要求，提高传感器的测量精度和稳定性，是智能传感器的关键组成部分。

2.信号调理电路的设计方法

在设计信号调理电路时，需要了解感受元件的输出特性和工作环境的要求。根据感受元件输出的信号范围和波形特点，选择合适的放大倍数、滤波器类型和线性化方法。在选择放大倍数时，需考虑信号的噪声水平和动态范围，以确保放大后的信号能够被准确地测量和处理。滤波器的选择应根据信号的频率成分进行，以去除杂散信号和干扰信号。线性化方法则用于使非线性的输出信号变得更加线性，提高传感器的测量精度。

3.信号调理电路的优化

为提高信号调理电路的性能和稳定性，可以通过优化电路结构和参数来实现。例如，采用高精度的元器件和稳定性好的电路结构，优化滤波器的频率特性和放大器的增益稳定性，以提高信号调理电路的抗干扰能力和稳定性。此外，还可以采用自动校准和自适应调节等技术，提高信号调理电路的自动化水平，确保输出信号的准确性和稳定性。

（三）数据处理单元的设计

1.数据处理单元的作用和功能

数据处理单元用于对传感器采集到的信号进行数字化处理，包括数据采集、处理和存储等功能。数据处理单元能够对采集到的原始数据进行处理和分析，提取出有用的信息，并将处理后的数据传输给其他系统或设备。

2.数据处理单元的选择和设计

在选择数据处理单元时，需要考虑传感器的实时性和处理能力需求。常用的数据处理单元包括微控制器、数字信号处理器和专用集成电路（ASIC）等。根据传感器的具体要求和性能指标选择合适的处理器，并设计相应的算法和数据处理流程。

3.数据处理单元的性能优化

为提高数据处理单元的性能和效率，可以采取一些优化措施。例如，优化算法和数据处理流程，提高数据处理的速度和效率；采用并行处理和硬件加速等技术，提高数据处理单元的计算能力和处理速度；设计合理的存储结构和管理策略，提高数据的存储效率和可靠性。

（四）通信接口的设计

1.通信接口的类型和作用

通信接口包括有线和无线通信方式，用于传输传感器采集到的数据，实现与其他设备或系统的数据交换和共享。有线通信接口常用的有串口（如 RS-232、RS-485）、以太网（Ethernet）接口等；无线通信接口常用的有 Wi-Fi、蓝牙、LoRa 等。

2.通信接口的选择和设计

在选择通信接口时，需要考虑数据传输的稳定性和速率要求。根据传感器所处的环境和应用场景选择合适的通信协议和模块，设计通信接口。例如，对于需要高速数据传输的场景可以选择以太网接口，对于需要远距离通信的场景可以选择 LoRa 等无线通信模块。

3.通信接口的性能优化

为提高通信接口的性能和稳定性，可以采取一些优化措施。例如，优化通信协议和数据传输方式，提高数据传输的速率和实时性；采用数据压缩和加密等技术，提高数据传输的效率和安全性；设计合理的通信协议和数据传输流程，确保数据传输的可靠性和稳定性。

二、智能传感器在现代汽车的应用案例

随着时代的发展，我国综合实力与社会经济水平的提高，带动着我国汽车行业的快速发展，在现代汽车行业及其内部企业日常运转的过程中，电子技术占据着极为重要的位置，并在很大程度上影响着汽车自身的正常行驶；为此，相关企业及人员在现代汽车电子技术中应用了传感器技术，不过，由于传统传感器技术存在一定的缺陷与不足，在日常运转过程中无法充分满足汽车电子技术的需要，为了解决这些问题，相关企业技术研究人员需要加强对传感器技术的研发，加强传感器技术的智能化、网络化及电子化发展，促进智能传感器的发展，并将其应用于汽车电子技术中，推动汽车企业及行业整体的健康发展。

（一）传感器的具体概述

1.汽车传感器的具体概念

所谓的传感器主要是指对某一事物进行测量，并将测量所得的规律转化为某一信号进行输出的设备或装置，通过该设备或装置的应用，能够将被测量事物的物理量、化学量及生物量等方面通过相对应的效应转化为电能；在现代传感器技术发展的过程中，常见的传感器主要由转换元件、测量电路及敏感元件等部分组成，其中，转换元件主要是将非电量形式向电参量进行转变，而敏感元件则应用于直接响应环节，通过该技术在汽车电子技术中的应用，极大地促进了汽车行业整体的进步与发展。

2.汽车传感器的常见类型

通常情况下，现代汽车设计制造时所涉及的传感器主要可以分为以下三类。

（1）温度传感器

温度传感器用于测量汽车各部件和环境的温度，主要分为排气温度传感器、进气温度传感器和发动机冷却液温度传感器等。这些传感器可以帮助发动机控制单元（Engine Control Unit，ECU）监测发动机温度，并根据需要调整燃油供应和点火时机，以确保引擎的正常运行和排放控制。

（2）氧传感器

氧传感器用于测量发动机排气中的氧气含量，以确定燃烧效率和排放水平。根据传感器的工作原理和材料不同，氧传感器分为氧化钛式传感器和氧化锆式传

感器。这些传感器可以帮助 ECU 调整燃油供应，以保持发动机在最佳工作状态下运行。

（3）空气流量传感器

空气流量传感器用于测量引入发动机的空气量，以帮助 ECU 计算所需的燃油量。常见的空气流量传感器包括热线式、热膜式和翼板式传感器。这些传感器可以帮助 ECU 实现精确的燃油控制，提高发动机的燃烧效率和动力性能。

3.汽车智能传感器的特点

随着我国科技水平的不断提高，智能传感器在现代汽车设计与制造领域中得到了极为广泛的应用，极大地促进了汽车行业整体的进步与发展，而在实际应用过程中，通过智能传感器的应用，能够极大地保障车载诊断系统（Car Performance Diagnosis，CPD）的高效运转，同时促使汽车内部各个环节的充分协作，并对其进行自动化的校准、补偿及故障问题的预处理，避免不良因素对汽车正常运转造成影响。

（二）智能传感器应用的必要条件

1.汽车内部电路与零部件集成化

在现代汽车系统的设计制造过程中，相关人员主要是将电子仪器设备进行一体化的操控，确保汽车系统整体的正常运转，不过，由于大量汽车内部空间较小，存在较大的局限性，同时对汽车内部电路及零部件等方面造成局限，为了解决这些问题，相关人员需要加强现代汽车内部电路与零部件的集成化，在最大程度上降低汽车内部系统与零部件等方面所占据的空间，以此来强化提高汽车运转及行驶过程的舒适性。

2.元器件稳定化

通常情况下，如果汽车内部零部件在安装的过程中缺乏稳定性，将会在很大程度上影响着汽车自身及内部系统等方面的正常运转，为此，汽车企业及相关人员需要加强对汽车内部系统及功能等方面进行充分的了解，明确各个系统及元器件的功能，以此来制订出更加科学优质的工作方案，强化提高汽车内部元器件的稳定化，进而保障汽车整体的正常行驶。

3.汽车操作系统的稳定化与精准化

当前时期，传统传感器已经无法在最大限度上满足汽车运转的需要，同时，当汽车运转过程中出现故障问题之后，相关人员无法在最短时间内进行了解，极大地影响着汽车自身的质量与使用寿命，因此，相关企业及人员需要将加强对现代汽车内部操作系统的深入研究，同时借助现代智能传感器对汽车内部进行实时监测，以此来对汽车自身的安全性进行保障，并由此而促使汽车自身健康稳定地运转下去。

4.汽车电子操控系统的智能化

在现代汽车设计制造的过程中，存在大量处于备用工作模式的装置，例如安全气囊等，只有当符合条件的状况出现时，这些装置才会启动，而为了确保这些装置能够保持正常，相关人员需要对汽车内部整体环境的稳定性进行保障，因此，相关企业及人员需要加强智能传感器技术的应用，以此来对汽车自身进行智能化检测，确保当汽车自身出现问题时，相关人员能够在最短时间内获知，并采取相应措施进行处理，进而对汽车整体的质量与安全性进行保障。

（三）智能传感器在汽车电子技术中的实际应用

1.汽车压力传感器

当前时期，汽车压力传感器在电子技术应用的过程中占据着极为重要的位置，并在很大程度上影响着汽车自身的正常运转；在实际应用过程中，压力传感器主要是应用于对某些气体的内部压力进行检测，并将检测所得的数据信息进行收集，同时，液压传感器在现代汽车检测过程中发挥着极为重要的作用，而根据检测对象等方面的影响，现代汽车内部液压式传感器主要有压阻式传感器、电容式传感器及差动式变压传感器等方面组成；此外，在汽车内部功能检测过程中，相关人员还可以引用流量传感器，对汽车内部燃油的消耗量及进气量等方面进行监测，同时避免检测失误等现象的出现，极大地保障了汽车自身的正常运转 [3]。

2.发动机操控系统

现代汽车的发动机操控系统主要由发动机控制单元（Engine Control Unit，ECU）来控制和管理，以确保发动机系统的正常运转和性能优化。ECU通过与各个传感器和执行器的互联，监测和调整发动机的工作参数，以适应不同的工况和驾驶需求。

在发动机操控系统中，传感器起着关键作用，用于监测发动机和车辆周围环境的各种参数。这些传感器包括温度传感器、氧传感器、空气流量传感器、节气门位置传感器、转速传感器、压力传感器等。传感器将收集到的数据发送给ECU，ECU 根据这些数据来调整燃油供应、点火时机、气门开启时间等参数，以保证发动机的正常运转并优化燃烧效率。

发动机操控系统的设计目的是确保发动机在不同工况下能够稳定运行，并在最佳状态下提供动力输出。通过精确控制燃油和空气的混合比例、点火时机和气门开启时间等参数，发动机可以实现高效、环保的燃烧过程，从而降低燃油消耗和排放。

此外，发动机操控系统还具有自诊断和故障代码存储功能，可以及时检测并记录发动机及其相关系统的故障信息，提高汽车的安全性和可靠性。通过对系统的优化和改进，现代汽车的发动机操控系统不断提升其性能和效率，为汽车的可持续发展提供了重要支持。

3.车身导航及操控传感器

同时，车身导航及操控传感器在现代汽车设计制造的过程中同样发挥着极为重要的作用，通常，该类传感器主要由汽车空调系统控制、汽车安全气囊、门锁控制传感器及加速度传感器等方面所组成，而在导航传感器中，相关人员借助了全球定位系统（GPS），以此来对路况进行及时了解；同时，在部分汽车设计制造的过程中，相关人员还为其配置了多媒体播放等设备，以此来对驾驶人员的疲劳感进行消除，为了保障这些设备的正常运转，相关人员需要加强音频信号传感器的应用，加强对音频进行控制，进而避免安全事故问题的出现。

4.汽车底盘操控传感器

在现代汽车电子技术应用的过程中，为了保障汽车变速器控制系统的正常运转，相关人员还会借助汽车内部动力系统、安装系统及制动系统等方面的应用，强化提高汽车整体系统的控制水平与精度，并由此而提高汽车运转过程的安全性与舒适性；此外，在对现代汽车进行设计制造的过程中，相关人员还需要借助计算机等技术，以此来设计汽车角速度传感器及变速控制传感器，以此来对汽车底盘、稳定系统等方面进行实时监测，并对汽车内部燃油温度及加速度等方面进行有效控制，确保汽车自身能够正常稳定地运转下去，同时促进我国汽车行业整体的健康发展。

（四）智能汽车传感器的发展趋势

1.加强对智能传感器功能与特点的研究

在现代汽车制造中，智能传感器扮演着至关重要的角色，其功能与特点对汽车性能和安全性具有重要影响。为了加强智能传感器的应用和发展，技术研究人员可以从以下四个方面进行深入研究。

（1）功能优化

智能传感器可以通过集成更多的功能模块，如数据处理、自我诊断、自动校正等，以提高其在汽车系统中的应用价值。例如，通过加强自动校正与补偿功能，智能传感器可以在工作过程中自动修正误差，提高测量精度。

（2）性能提升

研究人员可以通过优化传感器的结构设计和工作原理，提高其灵敏度、响应速度和稳定性。例如，可以采用先进的材料和制造工艺，提高传感器的信号传输效率和抗干扰能力。

（3）多元化应用

智能传感器可以应用于汽车的各个系统和部件中，如发动机、底盘、安全气囊等，实现对汽车全方位的监测和控制。研究人员可以研究不同系统之间的信息交互与共享，实现智能传感器在汽车系统中的协同作用。

（4）安全性与可靠性

智能传感器在汽车中起着监测和控制的重要作用，因此其安全性和可靠性至关重要。研究人员可以通过提高传感器的抗干扰能力、加强数据安全保护等方式，确保传感器在恶劣环境下的稳定工作。

2.解决传统传感器的问题与缺陷

在过去，传统汽车传感器存在着一些问题和缺陷，这些问题主要包括噪声干扰、性能不稳定等，这些问题可能会影响汽车的性能和使用寿命。为了解决这些问题，推动智能传感器的优化发展，相关研究人员需要顺应时代和市场发展的需求，结合现代先进的技术和功能，确保最大程度地满足汽车系统的运行需求，促进汽车的正常稳定运行。

第一，针对传统传感器存在的噪音干扰问题，可以采用数字滤波技术和信号处理算法进行处理，以提高传感器信号的稳定性和准确性。同时，可以采用隔离和屏蔽技术，减少外界干扰对传感器的影响，提高传感器的抗干扰能力。

第二，针对传统传感器性能不稳定的问题，可以通过优化传感器的结构设计和工作原理，提高传感器的灵敏度和响应速度。例如，可以采用先进的材料和制造工艺，提高传感器的信号传输效率和稳定性。

第三，还可以加强对传感器的自动校正和补偿功能的设计，以提高传感器在不同工作环境下的稳定性和准确性。通过不断优化传感器的设计和性能，可以有效解决传统传感器存在的问题和缺陷，推动智能传感器的发展和应用，促进汽车的性能和质量的提升。

第三节　数据采集与处理技术

一、数据采集的基本原理和方法

（一）信号调理

信号调理是智能传感器中至关重要的环节，其负责将传感器获取的原始信号进行处理，使其能够被准确地采集和处理。信号调理包括放大、滤波和转换三个主要步骤，每个步骤都对最终的信号质量和数据准确性有着重要的影响。

1.放大

放大是智能传感器信号调理的重要步骤之一，旨在将传感器输出的微弱信号放大到适合采集和处理的水平。在智能传感器中，放大的信号可以提高信号的信噪比和灵敏度，使得信号更容易被检测和分析，从而提高系统的性能和稳定性。

放大通常通过放大器实现，放大器的选择和设计需要考虑多方面因素。首先，需要考虑信号的幅度范围，即确定需要放大的信号范围，以便选择合适的放大倍数。其次，需要考虑信号的频率特性，不同的信号具有不同的频率分布，需要选择能够处理目标频率范围的放大器。最后，还需要考虑噪声的影响，放大器应具有较低的噪声水平，以确保放大后的信号质量。

在实际设计中，放大器的选择和设计需要综合考虑以上因素，并根据具体的应用需求进行优化。通过合理的放大器设计，可以有效地提高智能传感器的性能和稳定性，从而更好地满足不同应用场景的需求。

2. 滤波

滤波在智能传感器信号处理中扮演着关键的角色，它能有效地去除信号中的噪声和干扰，提高数据的准确性和稳定性。在滤波过程中，选择合适的滤波器类型和参数至关重要，以确保滤波效果和信号质量的优良。

常见的滤波器包括低通滤波器、高通滤波器和带通滤波器等。低通滤波器用于去除信号中的高频噪声，保留低频成分；高通滤波器则相反，用于去除低频成分，保留高频信号；带通滤波器则可以选择性地保留某一频段的信号，适用于特定频率范围内的信号处理。

在选择滤波器时，需要考虑信号的频率特性和噪声情况。不同的应用场景可能需要不同类型的滤波器，因此设计人员需要根据具体需求选择合适的滤波器。此外，滤波器的设计还需要考虑实时性和计算复杂度等因素，以便在保证滤波效果的同时，尽量减少系统的负担。

3. 转换

在智能传感器中，转换是信号处理的最后一步，它的主要任务是将经过放大和滤波处理后的模拟信号转换为数字信号，以便计算机进行进一步的数字信号处理和分析。这一步骤通常使用模数转换器（ADC）来实现，ADC 将模拟信号按照一定的采样率和精度转换为数字形式。

转换的精度对最终的数据准确性至关重要。精度通常以比特数表示，例如 8位、10 位、12 位等，位数越高，精度越高。选择合适的 ADC 并进行适当的设置和校准可以确保转换后的数字信号具有高的精度和准确性。

另外，转换的速度也是一个重要考虑因素。高速的转换能够提供更高的数据采样率，从而获得更精细的信号信息。但是，高速转换通常会带来更多的功耗和系统复杂性，因此需要在速度和功耗之间做出权衡。

总的来说，转换是智能传感器中至关重要的一步，它直接影响着数据的准确性、实时性和系统的性能。通过选择合适的 ADC 和适当的设置，可以确保智能传感器系统获得高质量的数字信号，从而提高系统的稳定性和可靠性。

（二）采样

1.定时采样

定时采样是智能传感器中重要的数据采集方式之一，其关键在于按照一定的时间间隔对信号进行采样，以获取一系列离散的数据点，从而反映出信号在时间上的变化情况。在进行定时采样时，需要考虑以下四个方面。

（1）采样频率

采样频率是指每秒钟进行采样的次数，它决定了采集到的数据具有的时间分辨率。高采样频率可以提供更精细的时间分辨率，但也会增加数据量和系统负担。因此，需要根据被测信号的频率特性和系统要求选择合适的采样频率。

（2）抗混淆能力

定时采样过程中，需要考虑信号的抗混淆能力，即采样间隔是否足够小，能够有效地避免信号在采样间隔内发生明显变化而造成采样失真。

（3）时钟同步

为保证采样的准确性和稳定性，需要采用精确的时钟同步机制，以确保采样间隔的一致性和可靠性。

（4）数据处理

定时采样得到的数据需要进行后续的处理和分析，包括去除噪声、数据压缩、特征提取等，以获得对被测信号更准确地描述和分析。

在实际应用中，定时采样是一种常用的数据采集方式，广泛应用于各种领域，如物联网、自动控制、医学诊断等。通过合理选择采样频率和采样间隔，并配合良好的数据处理方法，可以获得高质量的数据，为后续的分析和应用提供可靠的基础。

2.平均采样

均采样是智能传感器数据处理中常用的一种技术，其核心思想是通过多次采样并对采样数据进行平均，以降低随机噪声的影响，从而提高数据的准确性和稳定性。在进行平均采样时，需要考虑以下四个关键因素。

（1）采样次数

采样次数的选择直接影响到平均后数据的信噪比。通常情况下，采样次数越多，平均后的数据信噪比越高，但也会增加采样时间和数据处理的复杂性。因此，需要在准确性和效率之间进行权衡，选择合适的采样次数。

（2）采样间隔

采样间隔应该足够小，以确保采样数据能够充分覆盖被测信号的变化范围，同时避免过于密集的采样导致数据冗余和能耗增加。

（3）平均算法

平均算法的选择影响到平均后数据的精度和稳定性。常见的平均算法包括简单平均和加权平均。简单平均适用于数据变化较为均匀的情况，而加权平均适用于对不同采样数据赋予不同权重的情况，可以根据实际需要选择合适的平均算法。

（4）数据处理

平均采样得到的数据需要进行后续的处理，包括去除噪声、数据压缩、特征提取等。合理的数据处理方法可以进一步提高数据的准确性和稳定性。

（三）量化

量化是指将采样得到的离散样本点的幅值转换为离散的数字值。量化精度由量化位数决定，例如 8 位、10 位、12 位等。量化位数越高，表示的离散幅值就越多，量化精度也就越高。

在实际应用中，量化过程需要综合考虑采样频率和量化精度的选择。过高的采样频率和量化精度会增加数据量和系统的计算复杂性，而过低的采样频率和量化精度则可能导致信号失真。因此，需要根据具体应用场景和需求选择合适的采样频率和量化精度，以确保数据的准确性和系统的效率。

二、数据处理技术的分类和特点

（一）数据存储

1.数据库存储

数据库存储在现代信息技术中扮演着至关重要的角色，它不仅提供了数据的结构化存储方式，还通过数据库管理系统（DBMS）实现了对数据的有效管理和高效检索。数据库存储通常采用关系型数据库和非关系型数据库两种类型，根据不同的应用场景和需求选择合适的数据库类型。

关系型数据库以表格的形式存储数据，采用结构化查询语言（Structured Query Language，SQL），具有数据结构清晰、数据之间关系明确的特点。常见的关系型数据库包括 MySQL、SQL Server、Oracle 等，它们被广泛应用于企业信息管理、在线交易处理、数据分析等领域。

非关系型数据库则以键值对、文档、列族等方式存储数据，不需要固定的数据结构，适用于数据结构不固定或需要高度伸缩性的场景。常见的非关系型数据库包括 MongoDB、Redis 等，它们被广泛应用于大数据存储、实时数据分析等领域。

数据库存储不仅提供了数据的结构化存储方式，还通过事务管理、数据备份和恢复等功能保证了数据的完整性和安全性。此外，数据库存储还支持数据的并发访问和多用户操作，提高了数据的可靠性和可用性。

2. 文件存储

文件存储是一种简单直接的数据存储方式，将数据以文件的形式存储在文件系统中。文件存储通常采用文本文件、二进制文件或其他格式的文件来存储数据，可以通过文件系统提供的应用程序编程接口（API）来进行读写操作。相比于数据库存储，文件存储更加灵活和简便，适用于小规模数据的存储和管理。

首先，文件存储的优点之一是存储简单，只需将数据写入文件即可，无需关注复杂的数据结构和管理机制。其次，文件存储的读取速度较快，适用于对数据进行简单的读取和处理操作。最后，文件存储还具有良好的跨平台性，可以在不同操作系统和环境下进行数据的存取。

然而，文件存储也存在一些局限性。首先，文件存储对数据的组织和管理能力较弱，难以进行复杂的数据查询和关联操作。其次，文件存储的数据访问效率相对较低，特别是在数据量较大、需要频繁访问和更新的情况下。最后，文件存储也不支持数据的事务管理和并发访问，可能会导致数据的不一致和安全性问题。

（二）数据处理

1.数据清洗

数据清洗是数据处理的重要步骤，旨在保证数据质量和准确性。数据清洗过程中，常见的操作包括识别和处理数据中的错误值、缺失值和重复值。首先，识别错误值是清洗过程的关键，因为错误值会影响后续数据分析的结果。错误值可能是由于数据采集过程中的测量误差或设备故障引起的。其次，处理缺失值是数据清洗的另一个重要任务。缺失值可能是由于设备故障、数据传输错误或操作失误导致的。处理缺失值的方法包括删除缺失值、使用均值或中值填充缺失值等。最后，处理重复值也是数据清洗的一部分。重复值可能是由于数据录入重复或数据传输错误引起的。处理重复值的方法包括删除重复值或合并重复值等。

数据清洗的目的是确保数据的准确性和完整性，使数据能够更好地用于后续的数据分析和建模。数据清洗可以通过数据预处理技术来实现，如插值法、异常值检测和处理等。数据清洗的过程需要仔细审查和处理数据，确保数据质量符合分析要求，从而提高数据分析的准确性和可靠性。

2.数据整理

数据整理是数据处理的重要步骤，其目的是按照一定的规则将数据分类、组织和排序，以便于后续的分析和应用。数据整理可以根据数据的特点和需求进行，如按时间序列、地理位置、类别等进行分类整理，以便于对数据进行更深入地分析和挖掘。数据整理的过程需要仔细审查和处理数据，确保数据质量符合分析要求。

在数据整理过程中，首先，需要对数据进行分类，将相同类型的数据归类到一起，以便于后续的分析。其次，需要对数据进行组织，使其具有一定的结构性，便于对数据进行统计和分析。最后，需要对数据进行排序，按照一定的规则对数据进行排列，以便于更好地理解数据的含义和规律。

数据整理是数据处理过程中的关键步骤，对于数据分析和挖掘具有重要意义。通过数据整理，可以使数据更加规范化和结构化，为后续的数据分析提供有力支持。因此，在进行数据整理时，需要根据具体的需求和目的，采用合适的方法和工具，以确保数据整理的准确性和有效性。

3.数据转换

数据转换是数据处理的重要环节，其目的是将原始数据转换成适合分析的形式，以便于进行更深入的数据分析和挖掘。数据转换可以帮助分析人员更好地理解数据的含义和趋势，从而为数据分析提供有力支持。数据转换的过程可以采用多种方法和技术，包括数据降维、特征提取和转换等。

数据转换的第一步是数据降维，即将数据从高维空间转换为低维空间，以减少数据的复杂性和冗余性，同时保留数据的关键信息。数据降维可以通过主成分分析等方法来实现，从而提高数据分析的效率和准确性。

第二步是特征提取，即从原始数据中提取出具有代表性和重要性的特征，以便于进行进一步的数据分析和挖掘。特征提取可以通过统计分析、机器学习和深度学习等方法来实现，从而发现数据中隐藏的规律和趋势。

最后一步是数据转换，即将数据转换成适合分析的形式，如将数据转换成图表、统计数据或特征向量等。数据转换可以根据具体的分析需求和方法来选择合适的转换方式，以确保数据分析的准确性和有效性。

（三）数据分析

1.统计分析

统计分析是一种重要的数据分析方法，通过对数据进行描述、推断和预测，揭示数据的规律和特征。在统计分析中，常用的方法包括描述统计、推断统计和预测统计等。

描述统计是对数据进行概括性描述的过程，包括计算数据的均值、中位数、标准差等统计量，以及绘制直方图、箱线图等图表，从而对数据的分布和特征进行描述和展示。

推断统计是通过对样本数据进行分析推断总体数据的性质和特征的过程。常用的推断统计方法包括假设检验、置信区间估计等，通过对样本数据的分析，推断总体数据的特征，并对推断结果进行统计学上的检验。

预测统计是根据历史数据和趋势，利用统计模型对未来数据进行预测的过程。常用的预测统计方法包括时间序列分析、回归分析等，通过建立预测模型，对未来数据的变化趋势进行预测和分析。

统计分析在各个领域都有广泛的应用，如经济学、社会学、医学等，可以帮助人们更好地理解数据，做出科学决策。因此，掌握统计分析方法对于数据分析和决策具有重要意义。

2. 机器学习

机器学习是一种通过对数据进行学习和分析来实现智能的方法。它通过构建模型来自动发现数据中的模式和规律，从而实现对未来事件的预测和决策。机器学习可以分为监督学习、无监督学习和强化学习三种主要类型。

监督学习是指在训练过程中，系统通过输入和输出之间的映射关系来学习，从而能够对新的输入数据进行预测。典型的监督学习算法包括线性回归、逻辑回归、决策树等。无监督学习是指系统从无标签的数据中学习，并发现数据中的结构和模式，常见的无监督学习算法包括聚类、降维、关联规则等。强化学习是一种通过试错来学习的方法，系统根据环境的反馈调整自己的行为，以获得最大的累积奖励，常见的强化学习算法包括 Q 学习、深度强化学习等。

机器学习在各个领域都有广泛的应用，如自然语言处理、图像识别、推荐系统等。通过机器学习，人们可以更好地理解和利用数据，从而实现自动化和智能化的目标。

3. 人工智能

人工智能是一门研究如何使计算机智能的科学和技术。它涵盖了许多领域，包括机器学习、深度学习、自然语言处理、计算机视觉等。人工智能的目标是使计算机能够像人类一样思考、学习、理解和处理信息，从而实现智能化的功能和行为。

在人工智能的研究和应用中，机器学习是一项核心技术。机器学习使计算机能够通过分析数据和构建数学模型来实现自我学习和改进，从而提高解决问题的能力。深度学习是机器学习的一个分支，通过构建深层神经网络来模拟人类大脑的工作方式，实现对复杂数据的高级处理和理解，如图像识别、语音识别等。

另一个重要领域是自然语言处理，它致力于让计算机能够理解、处理和生成人类语言。自然语言处理的应用包括机器翻译、情感分析、智能客服等。此外，计算机视觉是人工智能的另一个重要领域，它研究如何使计算机能够"看懂"图像和视频，实现图像识别、目标检测、人脸识别等功能。

人工智能技术在各个领域都有广泛地应用，如医疗保健、金融、交通、教育等。通过人工智能技术，人们可以更高效地处理和分析大量的数据，帮助人们做出更明智的决策，并为社会的发展和进步提供更多的可能性。

第四节　数据融合与分析

一、数据融合的概念和技术

（一）数据融合的概念

在当今信息时代，数据来源多样且庞大，但这些数据往往分散在不同的地方、以不同的形式存在，因此需要数据融合技术来整合这些数据并从中提取有用的信息。通过数据融合，可以将各种数据转化为具有更高价值和更大意义的信息，为决策提供支持。数据融合技术的应用领域非常广泛，包括但不限于环境监测、智能交通、医疗健康、军事安全等。在环境监测中，可以通过融合气象数据、空气质量数据、地质数据等信息，实现对环境的全方位监测，为环境保护和资源管理提供科学依据。在智能交通领域，可以通过融合交通流量数据、道路状况数据、车辆信息等信息，实现对交通系统的智能控制和优化，提高交通运输效率和安全性。在医疗健康领域，可以通过融合医疗影像数据、生理参数数据、病历数据等信息，实现对患者病情的全面分析和诊断，提高医疗服务的质量和效率。在军事安全领域，可以通过融合卫星图像数据、情报数据、作战数据等信息，实现对战场态势的全面监测和分析，提高作战指挥的科学性和准确性。

（二）数据融合的技术

1.信息融合

在信息融合中，通过对不同信息源的信息进行综合分析，可以获得比单一信息源更全面、更准确的信息，从而提高信息的利用效率和准确性。信息融合的过程包括信息的收集、传输、处理和分析等多个环节，需要利用各种信息处理技术和方法，如数据挖掘、模式识别、统计分析等。信息融合的应用领域非常广泛，包括但不限于智能交通、环境监测、军事作战等。例如，在智能交通领域，可以通过融合交通流量数据、道路状况数据、车辆信息等信息，实现对交通系统的智能控制和优化，提高交通运输效率和安全性。在环境监测领域，可以通过融合气象数据、空气质量数据、地质数据等信息，实现对环境的全方位监测，为环境保护和资源管理提供科学依据。在军事作战领域，可以通过融合卫星图像数据、情报数据、作战数据等信息，实现对战场态势的全面监测和分析，提高作战指挥的科学性和准确性。

2.数据融合

数据融合是一种将来自不同数据源的数据进行整合和分析的过程，旨在消除数据的不一致性和冲突性，从而提高数据的可靠性和准确性。这一过程通常包括数据清洗、数据集成、数据转换和数据统一等多个步骤。首先，数据清洗是指对原始数据进行筛选、过滤和修正，以消除数据中的错误、重复和缺失，保证数据的质量和完整性。其次，数据集成是指将不同数据源的数据进行整合和合并，形成一个统一的数据集，以便后续分析和处理。接着，数据转换是指对数据进行格式转换、规范化和标准化，使其适应分析和应用的需求。最后，数据统一是指对整合后的数据进行统一的管理和维护，确保数据的一致性和可用性。例如，将不同传感器采集的气象数据进行融合，可以综合考虑多个数据源的信息，提高气象预测的准确性和可靠性。数据融合技术在各个领域都有广泛的应用，如智能交通、环境监测、医疗健康等，为提高数据分析和应用的效率和效果提供了重要的支持和保障。

3.特征融合

特征融合是一种将来自不同特征提取器提取的特征进行整合和分析的过程，旨在提高特征的表征能力和分类准确性。在实际应用中，特征融合可以通过多种方式实现，包括特征组合、特征选择、特征转换等。特征融合的核心思想是综合利用多个特征，将它们的信息整合起来，从而提高系统对输入数据的理解能力和判别能力。

特征融合的过程可以分为以下四个步骤。首先，需要从原始数据中提取出各种可能有用的特征。这些特征可以来自不同的数据源，也可以是不同类型的特征，如图像的颜色、形状、纹理等特征。其次，对提取出的特征进行预处理，包括去除异常值、归一化、降维等操作，以便后续的特征融合处理。再次，选择合适的特征融合方法，将不同特征进行整合和分析，生成更具有代表性和区分性的特征。最后，将融合后的特征输入到分类器或其他机器学习模型中进行训练和分类。

特征融合在图像识别、语音识别、生物信息学等领域都有广泛的应用。例如，在图像识别中，可以将图像的颜色特征、形状特征和纹理特征进行融合，从而提高图像识别的准确性和鲁棒性。又如，在语音识别中，可以将声音的频谱特征、声道特征和语音特征进行融合，提高语音识别的准确性和稳定性。综上所述，特征融合技术在机器学习和模式识别领域具有重要意义，可以提高系统的性能和准确性，值得深入研究和应用。

二、数据融合在智能系统中的作用和应用

（一）数据融合的作用

1. 提高系统的智能化程度

数据融合在提高系统的智能化程度方面发挥着关键作用。通过融合多源信息，系统可以更好地感知环境并理解事件，从而提高系统的智能化水平。数据融合使系统能够综合考虑不同信息源的数据，形成全面的认知，为系统的智能决策提供更可靠的支持。

在智能交通系统中，数据融合可以通过整合交通流量数据、道路状况数据和车辆信息等多种数据源，实现对交通状况的全面感知和分析。系统可以根据融合后的数据，实时调整交通信号灯的控制策略，优化交通流量，提高道路通行效率。此外，数据融合还可以帮助系统识别交通事故、道路施工等事件，并及时采取措施进行处理，保障交通安全和畅通。

在智能家居系统中，数据融合可以整合家庭设备的传感器数据、用户行为数据和环境数据，实现对家庭环境的智能化管理。系统可以根据融合后的数据，自动调节家庭温度、照明和安全系统，提高家居生活的舒适性和便利性。同时，系统还可以学习和预测用户的习惯和需求，为用户提供个性化的服务和建议。

2.提高决策的准确性

数据融合在提高决策的准确性方面发挥着重要作用。通过融合多源信息，系统可以获得更全面、更准确的信息支持，为决策提供更多的参考依据，从而提高决策的准确性和可靠性。数据融合使系统能够综合考虑各种因素，作出更全面、更准确的决策。

在医疗诊断中，数据融合可以通过整合患者的病历数据、生理参数数据和医学影像数据等多种数据源，为医生提供更全面、更准确的诊断依据。医生可以通过融合后的数据，全面了解患者的病情和身体状况，从而更准确地诊断疾病，制定更有效的治疗方案。例如，通过将患者的病历数据与生理参数数据进行融合，可以更好地了解患者的病史和病情发展趋势；通过将医学影像数据与其他数据进行融合，可以更准确地确定病变部位和病变程度，为治疗方案的制定提供更有力的支持。

数据融合还可以帮助系统发现数据中的潜在关联和规律，提高数据分析的效率和准确性，进而提高决策的准确性。通过融合多源信息，系统可以更好地理解问题的本质，找到解决问题的最佳路径，提高决策的科学性和有效性。综上所述，数据融合在提高决策的准确性方面具有重要意义，可以为决策提供更多的信息支持，提高决策的可靠性和效果。

3.减少系统的能耗和资源消耗

数据融合在减少系统的能耗和资源消耗方面发挥着重要作用。通过融合多源信息，可以避免系统对数据的重复采集和处理，从而减少系统的能耗和资源消耗。数据融合可以提高数据的利用效率，避免系统因为多次获取相同或相似的信息而浪费能源和资源。

在环境监测领域，数据融合可以通过整合气象数据、空气质量数据和地质数据等多种数据源，减少系统对环境数据的重复采集。例如，当系统需要获取某地区的环境数据时，通过融合多个数据源的信息，可以避免系统多次前往该地区采集数据，从而节约能源和减少资源消耗。此外，数据融合还可以帮助系统优化数据采集和传输的方式，提高数据采集的效率，进一步减少系统的能耗和资源消耗。

数据融合还可以帮助系统更好地利用已有的数据，避免数据的重复处理，减少系统的计算开销和资源消耗。通过融合多源信息，系统可以在数据处理过程中更加高效地利用数据，避免重复计算和处理相同或相似的数据，从而减少系统的能耗和资源消耗。例如，在数据挖掘和机器学习领域，通过融合多个数据源的信息，可以提高数据挖掘和机器学习算法的效率，减少系统的计算开销，节约能源和资源。

4. 提高系统的性能和稳定性

数据融合在提高系统的性能和稳定性方面发挥着关键作用。通过融合多源信息，系统可以更好地适应复杂多变的环境，提高系统的性能和稳定性。数据融合使系统能够综合考虑不同信息源的数据，形成全面的认知，为系统的智能决策提供更可靠的支持。

在智能控制系统中，数据融合可以通过整合多种传感器的信息，实时监测系统的工作状态，及时调整控制策略，提高系统的性能和稳定性。例如，在工业生产中，通过融合温度传感器、压力传感器和湿度传感器等多种传感器的信息，可以实现对生产过程的实时监测和控制，提高生产效率和产品质量。

数据融合还可以帮助系统发现数据中的潜在关联和规律，提高数据分析的效率和准确性，进而提高系统的性能和稳定性。通过融合多源信息，系统可以更好地理解问题的本质，找到解决问题的最佳路径，提高系统的性能和稳定性。例如，在交通管理中，通过融合交通流量数据、道路状况数据和车辆信息等多种信息，可以实现对交通系统的实时监测和调控，提高交通系统的运行效率和安全性。

（二）数据融合的应用

1. 目标跟踪

（1）传感器融合技术在目标跟踪中的重要性

传统的目标跟踪系统通常依赖于单一传感器，如雷达、红外、视频等，存在着信息不足、准确性不高等问题。传感器融合技术通过融合多种传感器的信息，可以提高目标跟踪的准确性和稳定性，实现对目标的多维度跟踪。

传感器融合技术的重要性体现在以下三个方面。首先，多传感器融合可以弥补单一传感器的不足，提高目标跟踪的准确性。不同类型的传感器可以获取不同方面的目标信息，如雷达可以获取目标的位置信息，红外传感器可以获取目标的热特征信息，视频传感器可以获取目标的视觉信息，将这些信息融合起来可以得到更全面、更准确的目标信息，提高目标跟踪的精度和稳定性。其次，传感器融合技术可以提高目标跟踪的鲁棒性。单一传感器容易受到环境因素的影响，如天气、光照等变化会影响传感器的性能，导致目标跟踪的失败。而多传感器融合可以通过综合多个传感器的信息，降低单一传感器受环境影响的风险，提高系统的鲁棒性。最后，传感器融合技术可以实现对目标的多维度跟踪。传统的目标跟踪系统通常只能提供目标的位置信息，而多传感器融合可以同时获取目标的位置、速度、加速度等多个维度的信息，实现对目标运动状态的全方位监测和跟踪。这对于一些需要对目标进行精确控制和预测的应用场景，如自动驾驶、智能制造等具有重要意义。

（2）多传感器融合在目标跟踪中的应用

多传感器融合技术在目标跟踪中的应用极具潜力和重要性。通过将不同类型传感器的信息融合起来，可以实现对目标的全方位、多维度跟踪，提高跟踪的准确性和稳定性，具有广泛的应用前景。首先，多传感器融合可以弥补单一传感器的局限性。不同类型的传感器在不同环境下具有不同的优势，如雷达适用于远距离跟踪、红外传感器适用于夜间跟踪等。将这些传感器的信息融合起来，可以综合利用它们的优势，提高跟踪的准确性和稳定性。其次，多传感器融合可以提高目标跟踪系统的鲁棒性。单一传感器易受环境因素干扰，如天气、光照等变化会影响传感器的性能，导致跟踪失败。而多传感器融合可以通过综合多个传感器的信息，降低单一传感器受环境影响的风险，提高系统的鲁棒性。最后，多传感器融合可以提高目标跟踪的实时性。不同传感器的采样频率和响应速度不同，将它们的信息融合起来可以提高系统对目标运动状态的实时监测能力，及时调整跟踪策略，保证跟踪的准确性和实时性。

（3）多维度跟踪的优势

传统的目标跟踪系统通常只能提供目标的位置信息，而多维度跟踪可以同时获取目标的位置、速度、加速度等多个维度的信息，从而更全面地了解目标的运动状态，提高跟踪的效果。首先，多维度跟踪可以提高目标跟踪的准确性。通过同时获取目标的位置、速度、加速度等多个维度的信息，可以更准确地描述目标的运动状态，避免单一维度跟踪可能存在的误差和不确定性，提高跟踪的准确性。其次，多维度跟踪可以增强对目标运动特性的理解。不同维度的信息可以相互印证，帮助分析目标的运动规律和行为特征，有助于更深入地理解目标的运动模式和目的，为后续的跟踪和预测提供更可靠的依据。最后，多维度跟踪可以提高对目标动态变化的响应速度。通过实时获取目标的速度、加速度等信息，可以更及时地调整跟踪策略，保持跟踪器与目标的同步性，提高跟踪的实时性和稳定性。

2.环境监测

（1）传感器融合技术在环境监测中的意义

传感器融合技术在环境监测中的应用，可以大大提高监测的效率和准确性，为环境保护和管理提供更全面的数据支持。

传感器融合技术的意义主要体现在以下几个方面。首先，多种传感器的融合可以实现对环境的全方位监测。不同类型的传感器可以监测不同方面的环境要素，如气象传感器可以监测气象信息，地质传感器可以监测地质信息，生态传感器可以监测生态信息，将这些信息融合起来可以实现对环境的全面监测，为环境管理提供更全面的数据支持。其次，传感器融合技术可以提高监测数据的准确性和可靠性。单一传感器的监测数据可能受到环境因素的影响，准确性有限。而多传感器融合可以通过综合多个传感器的信息，消除单一传感器可能存在的误差，提高监测数据的准确性和可靠性。最后，传感器融合技术可以提高监测数据的时空分辨率。不同类型传感器的时空分辨率不同，将它们的信息融合起来可以提高监测数据的时空分辨率，更好地反映环境的变化情况，为环境监测和管理提供更精细化的数据支持。

（2）多传感器融合在环境监测中的应用

多传感器融合在环境监测中的应用对于提高监测的全面性和准确性具有重要意义。通过将不同类型传感器的信息融合起来，可以实现对环境各种要素的监测，包括气象、地质、生态等多个方面，为环境保护和管理提供更全面的数据支持。例如，在气象监测中，可以将气象传感器、大气污染传感器、风速风向传感器等融合起来，实现对大气环境的全面监测，包括温度、湿度、气压、风速风向、大气污染物浓度等多个指标的监测，为环境污染治理和气象灾害预警提供可靠数据支持。

在地质监测中，可以将地震传感器、地磁传感器、地表变形传感器等融合起来，实现对地质环境的全面监测，包括地震活动、地磁变化、地表变形等多个指标的监测，为地质灾害预警和地质资源开发提供数据支持。

在生态监测中，可以将植被传感器、水质传感器、土壤湿度传感器等融合起来，实现对生态环境的全面监测，包括植被覆盖、水质状况、土壤湿度等多个指标的监测，为生态保护和生态恢复提供数据支持。

（3）数据融合在环境监测中的优势

首先，传感器融合技术可以将多个传感器的数据进行融合，消除不同传感器之间的误差，从而提高环境监测的准确性。不同类型的传感器可能受到不同的干扰和误差影响，例如气象传感器受到天气变化的影响，地质传感器受到地质结构的影响，而生态传感器受到生物活动的影响。将这些传感器的数据融合起来，可以消除单一传感器可能存在的误差，得到更加可靠的环境信息。其次，数据融合还可以提高监测的时空分辨率和覆盖范围。不同传感器具有不同的监测范围和分辨率，将它们的数据融合起来可以提高监测的时空分辨率，更加细致地监测环境变化。同时，多个传感器的融合可以扩大监测的覆盖范围，实现对更广阔区域的监测，为环境监测提供更全面的数据支持。最后，数据融合还可以提高监测数据的完整性和一致性。不同传感器获取的数据可能存在差异，数据融合可以将这些数据进行整合和校正，保证监测数据的完整性和一致性，为环境监测和保护提供更可靠的数据支持。

3. 智能控制

（1）传感器融合技术在智能控制中的应用

传感器融合技术在智能控制中的应用对于提高系统的智能化水平和自主性具有重要意义。智能控制是指利用人工智能、传感器等技术，实现对系统的智能化控制，可以广泛应用于自动驾驶、智能制造等领域。

　　传感器融合技术可以将多种传感器的信息融合起来，实现对系统的智能控制。例如，在自动驾驶领域，通过融合视觉传感器、激光雷达、红外传感器等多种传感器的信息，可以实现对车辆周围环境的全方位监测和感知，实现对车辆的智能控制。通过分析和处理多传感器融合的信息，车辆可以实现自主导航、障碍物识别和避障、智能巡航等功能，提高车辆的安全性和自主性。

　　在智能制造领域，传感器融合技术也发挥着重要作用。通过融合多种传感器的信息，可以实现对生产过程的全面监测和控制，提高生产效率和产品质量。例如，在智能工厂中，通过融合温度传感器、湿度传感器、压力传感器等多种传感器的信息，可以实现对生产环境的实时监测，保证生产过程的稳定性和安全性。

　　（2）智能控制中的多传感器融合

　　在智能控制领域，多传感器融合技术是实现智能化控制的关键。通过将不同类型传感器的信息融合起来，可以实现对系统的全方位监测和控制，提高系统的智能化水平和自主性。这在智能交通、智能制造、智能家居等领域都有重要应用。

　　在智能交通领域，多传感器融合技术可以实现对交通环境的全面监测和感知，包括道路情况、车辆行驶状态、交通流量等多个方面。通过融合视觉传感器、激光雷达、红外传感器等多种传感器的信息，可以实现对交通信号灯、车辆行驶轨迹等信息的获取，实现智能交通管理和控制，提高交通运输效率和安全性。

　　在智能制造领域，多传感器融合技术可以实现对生产过程的全面监测和控制。通过融合温度传感器、湿度传感器、压力传感器等多种传感器的信息，可以实现对生产环境的实时监测，保证生产过程的稳定性和安全性。同时，融合视觉传感器、电力传感器等信息，可以实现对产品质量的在线监测和控制，提高产品的生产质量和一致性。

　　在智能家居领域，多传感器融合技术可以实现对家居环境的智能化控制。通过融合温度传感器、湿度传感器、光纤传感器等多种传感器的信息，可以实现对室内环境的实时监测和控制，实现智能化的温度、湿度、照明等控制，提高居住舒适度和节能效果。

（3）数据融合在智能控制中的优势

传感器融合技术可以将多个传感器的数据进行融合，消除不同传感器之间的误差，提高系统的智能化水平。通过数据融合，可以得到更加准确和可靠的信息，为智能控制提供更好的支持。

第一，数据融合可以提高系统的感知能力。通过融合不同类型传感器的信息，可以获取更加全面和准确的环境数据，提高系统对环境的感知能力。例如，在智能交通系统中，通过融合车载摄像头、雷达、激光雷达等传感器的信息，可以实现对交通环境的全面监测，提高交通管理的效率和精确度。

第二，数据融合可以提高系统的决策能力。通过将多个传感器的信息进行综合分析，可以得到更加全面和准确的环境信息，为系统的决策提供更多的参考依据。例如，在智能制造系统中，通过融合温度传感器、湿度传感器、压力传感器等传感器的信息，可以实现对生产环境的全面监测，为生产调度和控制提供准确的数据支持。

第三，数据融合还可以提高系统的自适应能力。通过融合不同传感器的信息，系统可以根据实际情况调整控制策略，实现对环境变化的快速响应。例如，在智能家居系统中，通过融合温度传感器、光纤传感器等传感器的信息，可以实现对室内环境的智能控制，提高居住的舒适度和节能效果。

第六章　智能控制与自动化

第一节　控制理论与方法

一、控制理论的基本概念和发展历程

控制理论是一门研究如何设计稳定、鲁棒和优化控制器以实现系统所需性能的科学与技术。其发展历程可以追溯到 19 世纪末 20 世纪初，随着自动控制理论的逐步完善和发展，控制理论已经成为现代工程领域中一个重要的学科。控制理论的发展经历了从经典控制理论到现代控制理论的演变过程，从比例积分微分（PID）控制器到状态空间方法、鲁棒控制、自适应控制等领域的不断发展和完善。

（一）经典控制理论

经典控制理论是控制工程中的基础理论之一，主要研究线性、时变系统的稳定性和性能。其中最为经典的方法之一就是 PID 控制器。PID 控制器是一种反馈控制系统，通过测量反馈信号与期望参考信号之间的误差，然后经过比例、积分和微分三个环节进行处理，最终输出控制信号，使系统的输出达到期望值。

1. 比例控制

比例控制是 PID 控制器中最基本的部分之一，它的作用是根据误差的大小，以一定的比例系数来调整控制量。比例控制的主要作用是提高系统的静态稳定性，但如果只使用比例控制，系统可能会产生超调和振荡的现象，因此需要结合积分和微分控制来提高系统的动态性能。

2. 积分控制

积分控制是指根据误差的累积值来调整控制量的大小，主要作用是消除系统

的稳态误差。积分控制可以提高系统的动态性能，但如果过度增加积分作用，可能会导致系统的超调和振荡。

3. 微分控制

微分控制是根据误差的变化率来调整控制量的大小，主要作用是提高系统的动态性能和稳定性。微分控制可以减小系统的超调和振荡，但如果过度增加微分作用，可能会导致系统对噪声和干扰的敏感性增加，甚至导致系统不稳定。

4. PID 控制器的综合作用

PID 控制器综合了比例、积分和微分控制的优点，通过合理地调节比例系数、积分时间和微分时间，可以使系统在稳态和动态性能之间取得一个平衡。PID 控制器在实际应用中广泛存在，应用于各种控制系统中，如温度控制、压力控制、速度控制等。

（二）现代控制理论

现代控制理论是控制工程中的一个重要分支，主要研究非线性、时变系统的稳定性和性能。相比于经典控制理论，现代控制理论更加注重系统的动态特性和鲁棒性能，包括状态空间方法、鲁棒控制和自适应控制等方法。

1. 状态空间方法

状态空间方法是现代控制理论的核心内容之一，它是一种描述动态系统行为的数学模型。在状态空间方法中，系统的状态由一组状态变量表示，系统的动态行为由状态方程和输出方程描述。状态空间方法可以描述非线性、时变系统的动态特性，提供了一种更加直观和全面的分析方法。

2. 鲁棒控制

鲁棒控制是一种针对系统参数不确定性和外部扰动的控制方法，其目标是设计一个控制器，使系统对参数变化和扰动具有鲁棒性。鲁棒控制方法包括 H ∞ 控制、μ 合成控制等，这些方法在提高系统稳定性和鲁棒性方面具有重要意义。

3. 自适应控制

自适应控制是一种根据系统动态特性自动调整控制参数的控制方法，其目标是使系统在面对不确定性和变化时能够保持稳定性和性能。自适应控制方法包括模型参考自适应控制、自适应滑模控制等，这些方法在处理非线性、时变系统中具有重要应用价值。

二、控制方法在智能系统中的应用场景

（一）工业控制

工业控制是控制方法在工业生产中的重要应用领域之一。它主要包括生产线的自动化控制、机械设备的运动控制、生产过程的优化控制等方面。通过控制方法，可以实现生产过程的自动化、智能化，提高生产效率、降低生产成本。工业控制涉及的技术包括 PID 控制、模糊控制、神经网络控制等，这些技术可以根据不同的生产需求和场景进行灵活应用。

在工业生产中，控制方法的应用非常广泛。例如，在汽车制造中，控制方法可以用于控制机器人进行焊接、喷涂等操作；在电子制造中，控制方法可以用于控制生产线的运行，实现电子产品的自动化生产；在食品加工中，控制方法可以用于控制生产设备的温度、湿度等参数，保证产品质量。

（二）智能制造

智能制造是指利用先进的控制方法和技术实现生产过程的智能化和自动化。控制方法在智能制造中被应用于智能化生产设备的控制、生产流程的优化控制、产品质量的控制等方面。通过控制方法，可以提高生产的灵活性和智能化水平。智能制造涉及的技术包括物联网技术、大数据分析技术、人工智能技术等，这些技术的综合应用可以实现生产过程的智能化管理和优化。

在智能制造中，控制方法的应用可以使生产过程更加高效、灵活和智能化。例如，通过智能化生产设备的控制，可以实现生产过程的自动化和智能化；通过生产流程的优化控制，可以提高生产效率和产品质量；通过产品质量的控制，可以确保产品达到设计要求，并提高产品的竞争力。

（三）机器人控制

机器人控制是控制方法在机器人领域的重要应用领域之一。它主要包括机器人的路径规划、运动控制、环境感知等方面。通过控制方法，可以实现机器人的精确控制和智能化操作，提高机器人的工作效率和灵活性。机器人控制涉及的技术包括运动规划算法、视觉识别技术、传感器技术等，这些技术可以使机器人具

有更强的自主性和适应性。

在工业生产和服务领域，机器人控制的应用越来越广泛。例如，在制造业中，机器人可以代替人工进行重复性、危险性较高的工作；在医疗领域中，机器人可以用于手术操作和患者护理；在军事领域中，机器人可以用于侦察和战斗等任务。通过控制方法，可以使机器人更加智能化和自主化，提高其在各个领域的应用水平。

（四）交通控制

交通控制是控制方法在交通领域的重要应用领域之一。它主要包括交通信号灯的控制、交通流量的优化控制等方面。通过控制方法，可以提高交通系统的效率和安全性，缓解交通拥堵问题，提高交通系统的整体运行效率。交通控制涉及的技术包括交通流量预测算法、智能交通信号控制技术、车辆自动驾驶技术等，这些技术可以使交通系统更加智能化和自动化。

在城市交通管理中，交通控制的应用可以使交通系统更加安全、高效。例如，通过智能交通信号控制技术，可以根据实时交通状况调整交通信号灯的时序，优化交通流量；通过车辆自动驾驶技术，可以降低交通事故率，提高交通运输效率。通过控制方法，可以实现交通系统的智能化管理和优化，提高城市交通系统的整体运行水平。

第二节　智能控制系统设计与实现

一、智能控制系统设计的基本原理和方法

（一）控制策略选择

1.模糊控制

模糊控制是一种基于模糊逻辑的控制方法，广泛应用于系统模型复杂、难以建立准确数学模型的情况。它利用模糊规则和模糊推理来实现对系统的控制，通过将模糊规则应用于控制逻辑，模糊控制器可以处理不确定性和模糊性，从而实现对系统的稳定控制。模糊控制的关键在于建立模糊规则库，其中包含了专家

经验和知识，用来描述输入与输出之间的关系。模糊控制器通常由模糊化、规则库、模糊推理和去模糊化四个部分组成。模糊化将输入信号转化为模糊变量，规则库存储了一系列模糊规则，模糊推理基于规则库进行模糊推理，生成模糊输出，最后通过去模糊化将模糊输出转化为实际控制信号。模糊控制在工业控制、机器人控制、交通控制等领域有着广泛的应用。例如，在工业控制中，模糊控制可以用来控制温度、湿度等环境参数；在机器人控制中，可以用来规划路径、避障等；在交通控制中，可以用来优化信号灯控制、车辆跟随等。总的来说，模糊控制作为一种有效的控制方法，为处理复杂系统提供了一条灵活而有效的途径。

2. 神经网络控制

神经网络控制是一种基于神经网络的控制方法，适用于非线性、时变系统。通过构建神经网络模型，神经网络控制器可以学习系统的非线性特性，实现对系统的自适应控制。与传统的线性控制方法相比，神经网络控制具有更强的适应性和泛化能力，可以应对复杂多变的系统环境。神经网络控制在自动驾驶、机器人控制、智能制造等领域有着重要的应用价值。

在神经网络控制中，神经网络通常被用作控制器的核心部分。神经网络可以分为前馈神经网络和反馈神经网络两种类型，其中前馈神经网络常用于非线性系统的建模和控制，而反馈神经网络则可以应对系统的时变特性，提高系统的鲁棒性和稳定性。神经网络控制的关键是设计合适的神经网络结构和选择合适的训练算法。通常情况下，可以使用反向传播算法、遗传算法等方法对神经网络进行训练，以实现对系统的精确控制。

在实际应用中，神经网络控制可以应用于各种复杂系统的控制中，例如在自动驾驶领域，可以利用神经网络控制器实现车辆的智能驾驶和路径规划；在机器人控制领域，可以利用神经网络控制器实现机器人的运动控制和环境感知；在智能制造领域，可以利用神经网络控制器实现生产过程的优化控制和质量监控。

3. 遗传算法控制

遗传算法通过模拟自然选择的过程，搜索最优解，实现对系统的优化控制。在遗传算法控制中，控制器通常表示为一组参数或染色体，每个参数或染色体都代表了一种可能的控制策略。通过不断迭代优化过程，遗传算法可以在搜索空间中寻找最优解，从而实现对系统的优化调节。

遗传算法的基本原理是通过选择、交叉和变异等操作，不断优化种群中的个体，使其逐渐趋向于最优解。在遗传算法的选择过程中，适应度函数起着重要作用，它用来评价每个个体的优劣程度，从而确定哪些个体将被选择作为下一代的替代。交叉和变异操作则用来产生新的个体，以增加种群的多样性，防止陷入局部最优解。

遗传算法控制在优化问题求解、自动化设计等领域有着广泛的应用。例如，在工程优化设计中，可以利用遗传算法来寻找最优的设计参数，以满足设计要求；在智能制造中，可以利用遗传算法来优化生产过程，提高生产效率和质量；在机器人控制中，可以利用遗传算法来优化路径规划和运动控制，提高机器人的自主性和灵活性。

4. 模型预测控制

模型预测控制是一种基于系统动态模型的高级控制方法，广泛应用于需要考虑未来状态的系统中。它通过建立系统的动态模型，预测未来状态并调整控制量，以实现对系统的预测性控制。相比传统的反馈控制方法，模型预测控制具有更强的控制性能和鲁棒性，能够有效地应对系统的非线性和时变特性。

在模型预测控制中，首先，需要建立系统的数学模型，通常采用状态空间模型或差分方程模型。其次，利用这个模型来预测系统未来的状态。预测的时间范围可以是单步预测或多步预测，根据系统的要求来确定。预测得到未来状态后，根据优化准则（例如最小二乘准则）对控制量进行优化调整，使系统的性能指标达到最优。最后，根据优化后的控制量对系统进行控制，实现对系统的精确控制。

模型预测控制在过程控制、飞行控制、智能交通等领域有着广泛地应用。例如，在过程控制中，可以利用模型预测控制来优化化工过程，提高生产效率和产品质量；在飞行控制中，可以利用模型预测控制来实现飞行器的轨迹规划和自动驾驶；在智能交通中，可以利用模型预测控制来优化交通信号灯控制，缓解交通拥堵问题。

（二）算法设计与实现

1. 模糊控制算法设计

模糊控制算法包括模糊推理、模糊化和去模糊化等步骤。首先，模糊化将系统的输入信号转化为模糊变量，以便于后续的模糊推理。其次，模糊推理利用模糊规则库中的规则来模拟人类的思维过程，根据输入的模糊变量和模糊规则进行推理，得到模糊输出。最后，去模糊化将模糊输出转化为实际的控制信号，以实现对系统的控制。

在设计模糊控制算法时，需要考虑系统的输入输出关系，建立合适的模糊规则。模糊规则库中的规则通常由领域专家根据其经验和知识进行制定，其中包含了一系列模糊规则，描述了输入与输出之间的关系。这些规则可以是基于经验的，也可以是基于数学模型的。根据实际情况，可以采用不同的模糊推理方法，如最大最小算法、加权平均算法等，以获得合适的模糊输出。

2. 神经网络控制算法设计

在神经网络控制算法中，第一，需要设计神经网络的结构，包括选择合适的神经元数量、层数和连接方式等。神经网络结构设计需要考虑到系统的非线性特性，选择合适的激活函数和层数，以保证神经网络具有足够的拟合能力和泛化能力。第二，需要选择合适的训练算法，以优化神经网络的参数，使其能够更好地适应系统的动态特性。常用的训练算法包括梯度下降算法、反向传播算法、遗传算法等。这些算法可以在不同的情况下选择，以实现对系统的自适应控制。例如，梯度下降算法适用于优化凸函数，反向传播算法适用于深度神经网络的训练，而遗传算法适用于复杂多变量问题的优化。

3. 遗传算法控制算法设计

在遗传算法控制算法设计中，适应度函数的设计和遗传操作的选择是两个关键问题。第一，设计适应度函数需要考虑到系统的控制目标和约束条件。适应度函数通常用来评价每个个体在种群中的优劣程度，是遗传算法中的核心部分。对于控制问题，适应度函数应该能够反映系统的控制性能，如稳定性、收敛速度等，同时还需要考虑到系统的约束条件，如控制输入的限制等。设计合适的适应度函数能够指导遗传算法搜索最优解的方向，从而提高算法的收敛性和搜索效率。第二，选择遗传操作需要根据系统的特性选择合适的交叉和变异操作。交叉操作用于产生新的个体，增加种群的多样性，防止陷入局部最优解；变异操作用于引入新的基因组合，增加种群的多样性，有助于跳出局部最优解。在控制问题中，交叉操作可以交换控制参数或策略，变异操作可以对控制参数进行微小的随机变化，以保持种群的多样性。选择合适的遗传操作能够有效地探索搜索空间，提高算法的全局搜索能力。

4. 模型预测控制算法设计

模型预测控制（Model Predictive Control，MPC）是一种广泛应用于工业控制领域的先进控制方法，其核心在于建立系统的动态模型，并通过优化问题求解来实现对系统的控制。在 MPC 算法设计中，系统建模和优化问题求解是两个关键步骤。

第一，系统建模需要选择合适的动态模型来描述系统的行为。常用的动态模型包括自回归移动平均模型（ARMA）、自回归积分滑动平均模型（ARIMA）以及神经网络模型等。选择合适的动态模型需要考虑到系统的复杂性和非线性特性，以及对系统动态响应的要求。例如，在控制响应快速性要求较高的情况下，可以选择神经网络模型来描述系统，因为神经网络具有较强的非线性逼近能力和泛化能力。

第二，优化问题求解是 MPC 算法的核心。优化问题通常包括控制目标和约束条件，如最小化偏差、最大化控制效率以及考虑到系统动态响应的约束条件等。针对不同的控制目标和约束条件，可以选择不同的优化算法来求解优化问题。常用的优化算法包括线性规划（Linear Programming，LP）、非线性规划（Nonlinear Programming，NLP）以及模型预测控制自身所采用的迭代优化算法等。选择合适的优化算法能够有效地提高 MPC 算法的计算效率和控制性能。

（三）系统建模与仿真

1. 系统建模

系统建模是智能控制系统设计的关键步骤，其目的是通过建立系统的数学模型来描述系统的动态特性和行为规律，从而为后续的控制器设计和性能分析提供基础。系统建模方法通常可以分为物理建模和数据驱动建模两种。

物理建模是根据系统的物理原理和运动方程来建立数学模型。这种建模方法通常适用于已知系统结构和工作原理的情况，可以通过分析系统的物理特性和参数来推导出系统的数学模型。物理建模方法可以采用不同的数学工具和理论，如微分方程、控制理论、力学和电路理论等，来描述系统的动态行为。

数据驱动建模是根据系统的输入和输出数据来建立数学模型。这种建模方法通常适用于复杂系统或者系统模型难以获取的情况，可以通过收集系统的输入输出数据，利用数据处理和机器学习算法来构建系统的数学模型。数据驱动建模方法包括回归分析、神经网络、支持向量机等，可以根据实际情况选择合适的方法来建立系统模型。

无论是物理建模还是数据驱动建模，都需要考虑到系统的动态特性、非线性特性和时变特性等因素。建立准确的系统模型对于智能控制系统设计和性能优化至关重要，可以帮助工程师更好地理解系统行为，设计出更加有效的控制策略，提高系统的稳定性和性能。

2.系统仿真

系统仿真在智能控制系统设计中扮演着至关重要的角色。它是一种有效的手段，用于验证和评估控制算法的性能、稳定性和鲁棒性，同时也可以指导后续实际应用的设计和部署。系统仿真的过程通常包括以下四个关键步骤：首先，确定仿真模型。仿真模型应当尽可能地准确地反映实际系统的动态特性和行为规律。对于复杂系统，可以采用物理建模和数据驱动建模相结合的方式来建立仿真模型，以保证仿真结果的可靠性和准确性。其次，选择仿真工具和算法。根据系统的特点和仿真的目的，选择合适的仿真工具和算法。常用的仿真工具包括 Mat-lab/Simulink、LabVIEW 等，常用的仿真算法包括 ODE 求解器、优化算法等。再次，设计仿真实验。设计合理的仿真实验方案，包括确定仿真的时间范围、输入信号的设计、性能指标的选择等。通过仿真实验可以全面地评估控制算法在不同工况下的性能表现。最后，分析仿真结果。根据仿真结果，评估控制算法的优劣，并对算法进行优化和改进。仿真结果还可以为实际应用提供指导，指导系统的部署和调试。

二、智能控制系统在实际应用中的设计考虑

（一）系统动态特性

1. 系统响应速度

快速响应要求高的系统需要具有较高的控制频率和响应速度，以确保系统能够及时、准确地响应外部变化或控制指令。在设计这样的控制系统时，需要考虑以下三个方面：首先，选择合适的控制算法。控制算法的选择直接影响系统的响应速度。一般来说，模型预测控制和神经网络控制等算法能够实现较快的响应速度。模型预测控制算法通过对未来状态的预测来调整控制量，从而实现对系统的快速响应；而神经网络控制算法则利用神经网络的非线性逼近能力来实现对系统的快速自适应控制。其次，优化控制器设计。在控制器设计过程中，需要优化控制器的参数和结构，以提高系统的响应速度。通过调整控制器的增益和时序等参数，可以实现对系统的快速响应。最后，优化系统结构和传感器安装位置。合理的系统结构和传感器安装位置可以减少信号传输延迟，从而提高系统的响应速度。通过优化系统结构和传感器布置，可以有效地提高系统的响应速度。

2. 非线性特性

许多实际系统都具有复杂的非线性特性，这些特性可能源自系统本身的非线性结构，也可能是由于环境变化或外部干扰引起的。这些非线性特性会给系统的控制带来挑战，传统的线性控制方法往往无法有效地处理这些非线性因素，因此需要选择能够处理非线性系统的控制策略。

模糊控制是一种常用的非线性控制方法，它利用模糊逻辑和模糊规则来描述系统的非确定性和模糊性，通过模糊推理来实现对系统的控制。模糊控制可以处理系统的非线性特性，具有很好的鲁棒性和适应性，适用于各种复杂的非线性系统。

另一种处理非线性系统的方法是神经网络控制。神经网络具有强大的非线性逼近能力，可以学习和表示系统的复杂非线性映射关系，从而实现对系统的自适应控制。神经网络控制在处理非线性系统和时变系统方面具有优势，能够有效地提高系统的控制性能和稳定性。

除了模糊控制和神经网络控制外，还有一些其他的非线性控制方法，如自适

应控制、鲁棒控制等，这些方法都可以有效地处理非线性系统的控制问题。选择合适的非线性控制方法需要综合考虑系统的特性、控制要求和实际应用需求，以实现对非线性系统的有效控制。

3. 时变特性

时变特性是指系统的参数或结构随时间变化而发生变化，这种变化可能是由于外部环境、系统状态或其他因素引起的。时变特性会导致系统的动态特性发生变化，给控制系统设计和实现带来挑战。

针对时变系统，传统的固定控制器往往无法满足系统的控制要求，因为它们无法适应系统参数变化带来的影响。因此，需要使用自适应控制算法来实现对时变系统的控制。自适应控制算法可以根据系统的实时状态和参数变化，自动调整控制器的参数，以使系统保持稳定或满足指定性能要求。

自适应控制算法的核心思想是通过观测系统的输出和状态，不断调整控制器的参数，使得系统的性能指标达到最优或满足某种性能要求。常见的自适应控制算法包括自适应 PID 控制、模型参考自适应控制、神经网络自适应控制等。

自适应 PID 控制是一种基于 PID 控制器的自适应控制方法，通过实时调整PID 控制器的参数，使系统响应特性适应系统参数变化。模型参考自适应控制是一种基于系统数学模型的自适应控制方法，通过模型预测和实际观测之间的误差来调整控制器的参数。神经网络自适应控制利用神经网络的非线性逼近能力，实现对系统参数变化的自适应调整。

（二）控制目标

1. 追踪控制

追踪控制是智能控制系统中的重要问题，涉及系统如何按照给定的参考轨迹或目标进行运动或输出。在实际应用中，追踪控制常常需要考虑到系统的动态特性、非线性因素以及外部干扰等因素，因此需要选择合适的控制算法来实现高精度的轨迹跟踪。

一种常用的追踪控制方法是 MPC。MPC 是一种基于系统动态模型的控制方法，通过预测系统未来的行为并优化控制输入来实现对系统的控制。在追踪控制中，MPC 可以通过建立系统的轨迹模型来预测系统未来的轨迹，并根据预测结果调整控制输入，使系统跟踪给定轨迹。MPC 在工业过程控制、机器人控制等领域有着广泛的应用。

另一种常用的追踪控制方法是优化控制。优化控制通过调整系统的控制输入，使系统性能达到最优。在追踪控制中，可以将追踪问题转化为优化问题，通过优化算法来寻找最优的控制输入，使系统能够跟踪给定的轨迹。常用的优化算法包括遗传算法、粒子群算法等。这些算法能够在复杂的系统中找到最优的控制策略，从而实现高精度的轨迹跟踪。

2. 优化控制

优化控制是智能控制系统中的重要分支，旨在通过调整系统的控制输入来最大化或最小化系统的某种性能指标，以实现系统性能的最优化。在优化控制中，需要考虑到系统的约束条件和优化目标，并选择合适的优化算法来解决问题。

第一，优化控制需要明确系统的优化目标。这可能涉及多个目标的权衡和折中，例如系统的稳定性、响应速度、能耗等。在确定优化目标的基础上，需要建立系统的数学模型，以便于对系统进行分析和优化。

第二，优化控制需要考虑到系统的约束条件。这些约束条件可能来自系统自身的物理特性，也可能来自外部环境或者操作要求。优化算法需要在满足这些约束条件的前提下寻找最优解。

选择合适的优化算法是优化控制的关键。常见的优化算法包括遗传算法、粒子群算法、模拟退火算法等。这些算法具有不同的特点和适用范围，在选择时需要根据具体的问题来决定。

第三，优化控制需要进行算法的实现和调优。优化算法的实现需要考虑到系统的实时性和计算复杂度，以保证算法在实际应用中的可行性和有效性。此外，优化控制还需要进行参数的调优，以提高控制系统的性能和稳定性。

（三）控制环境

1. 噪声干扰

在智能控制系统设计中，噪声和干扰是常见的挑战，可能导致系统性能下降甚至失效。因此，在设计智能控制系统时，需要采取一系列方法来应对噪声干扰，确保系统稳定性和性能。

第一，对于环境中存在的噪声和干扰，可以采用信号处理的方法进行预处理。常见的方法包括滤波器设计，如低通滤波器、带通滤波器等，用于滤除不需要的高频噪声，保留有用信号。此外，可以采用信号平滑技术，如移动平均法或指数平滑法，来减少噪声的影响。

第二，针对噪声干扰对系统性能造成的影响，可以选择对噪声具有鲁棒性的控制算法。例如，模糊控制和神经网络控制通常具有较好的鲁棒性，能够在一定程度上抵抗噪声干扰的影响，保持系统的稳定性和性能。此外，也可以采用自适应控制算法，通过实时调整控制参数来适应噪声干扰的变化，从而保持系统的稳定性。

第三，设计智能控制系统时，还可以考虑引入冗余度和多传感器融合技术。通过增加系统的冗余度，可以提高系统对噪声干扰的容错能力，从而提高系统的稳定性和可靠性。同时，多传感器融合技术可以利用不同传感器的信息进行综合分析，降低单一传感器受到噪声干扰的影响，提高系统的精度和可靠性。

2.工作环境

在智能控制系统设计中，工作环境是一个重要考虑因素，不同的工作环境可能对控制系统的设计和性能产生重要影响。在特殊环境下，如高温、高湿度或高压等，智能控制系统需要具备特殊的性能和特性，以保证系统的稳定性和可靠性。

第一，对于高温环境，智能控制系统的电子元件和传感器需要具备耐高温的特性。选择适用于高温环境的元件和传感器是关键，同时也需要考虑散热和温度控制等问题，以保证系统在高温环境下正常工作。

第二，对于高湿度环境，智能控制系统的元件和传感器需要具备防潮、防水的性能。特殊的密封和防潮措施是必不可少的，以保证系统在高湿度环境下的稳定性和可靠性。

第三，在高压环境下，智能控制系统的元件和传感器需要具备耐高压的特性。对于一些高压环境下的应用，如油田、深海等，智能控制系统需要特殊设计，以保证系统在高压环境下的正常工作。

针对不同的工作环境，智能控制系统的设计需要综合考虑环境因素对系统的影响，并选择合适的元件、传感器和控制策略，以确保系统在各种特殊工作环境下的稳定性和可靠性。同时，对于特殊环境下的智能控制系统，还需要进行严格的环境测试和验证，以验证系统在实际工作环境中的性能和可靠性。

（四）控制需求

1.性能要求

在智能控制系统设计中，性能要求是一个至关重要的考虑因素，不同的应用场景对系统的性能有着不同的要求。在设计控制系统时，需要充分考虑应用场景对系统性能的要求，选择合适的控制算法和策略，以满足这些要求。

第一，一些应用场景对系统的稳定性要求较高。在这种情况下，需要选择能够确保系统稳定性的控制算法。例如，模型预测控制算法可以通过对系统动态模型的预测，调整控制量以维持系统稳定性。

第二，一些应用对系统的快速响应性要求较高。在这种情况下，需要选择能够实现快速响应的控制算法。例如，神经网络控制算法可以通过学习系统的非线性特性，实现对系统的快速自适应控制。

第三，一些应用还可能对系统的精确性和鲁棒性有较高要求。在这种情况下，需要选择能够实现精确控制和具有鲁棒性的控制算法。例如，遗传算法控制算法可以通过优化算法搜索最优解，实现对系统的精确控制和优化控制。

2.稳定性要求

在智能控制系统设计中，稳定性是一个至关重要的考虑因素。稳定性要求系统在受到外部扰动或参数变化时能够保持稳定的性能，不发生不稳定或振荡的情况。稳定性要求通常通过控制器设计和系统分析来实现。

第一，稳定性要求在控制器设计中起着关键作用。选择合适的控制器类型和参数是确保系统稳定性的关键。例如，对于线性系统，可以使用经典的 PID 控制器，并根据系统特性调整控制参数以实现稳定性；对于非线性系统，可以考虑使用模糊控制或神经网络控制来处理系统的非线性特性，从而实现稳定性。

第二，稳定性要求还需要通过系统分析来验证。通过数学建模和仿真分析，可以评估系统的稳定性，并根据分析结果调整控制策略和参数。例如，通过频域分析可以评估系统的频率响应特性，进而确定控制器的频率补偿；通过时域分析可以评估系统的阶跃响应特性，进而调整控制器的增益和时间常数。

第三，稳定性要求还需要考虑系统的实际工作环境和外部条件。在实际应用中，系统可能会受到各种外部扰动和环境变化的影响，因此需要考虑这些因素对系统稳定性的影响，并采取相应的措施来保证系统的稳定性。

第三节　自动化技术在电子系统中的应用

一、自动化技术的基本原理和分类

（一）基本原理

1.控制和监测

自动化技术的基本原理在于通过对系统进行控制和监测，使其在无需人为干预的情况下完成工作任务。控制是指对系统的行为进行调节和指导，以达到预期的目标。它涉及对系统的输入、处理和输出进行有效地管理和调控，以保证系统能够按照预定的要求运行。监测则是指对系统状态和性能的实时检测和反馈。通过监测，可以实时获取系统的运行情况和各种参数信息，从而及时发现并解决问题，保证系统稳定、高效地运行。控制和监测是自动化技术实现自主、智能运行的关键。控制和监测的有效性直接影响到自动化系统的性能和稳定性，因此在自动化技术的设计和实现过程中，必须充分考虑控制和监测策略的制定和实施。同时，随着科技的发展和自动化技术的不断进步，控制和监测技术也在不断创新和完善，为自动化系统的应用提供了更加广阔的发展空间和应用前景。

2.数学模型

在自动化技术中，建立一个能够准确反映控制对象状态和行为的数学模型是至关重要的。这个数学模型可以是线性的，也可以是非线性的；可以是连续的，也可以是离散的，具体形式取决于控制对象的特性和控制要求。线性模型适用于描述线性系统，其数学表达简单且易于分析和控制，但只能描述线性系统的行为。非线性模型则更加复杂，可以描述各种复杂系统的行为，但求解和分析相对困难。在实际应用中，需要根据具体的控制对象和控制要求选择合适的数学模型。通过建立准确的数学模型，可以更好地理解和预测系统的行为，为设计和实现控制器提供重要依据。因此，在自动化技术中，数学模型的建立是实现自动化控制的基础和关键。

3. 传感器

在自动化技术中，传感器扮演着至关重要的角色，它们通过获取各种实时数据来支持系统的控制和监测。这些数据包括但不限于温度、压力、位置、速度等信息，传感器的选择和布置对系统的性能和稳定性起着关键作用。传感器的选择应考虑到控制对象的特性和工作环境的条件，以确保传感器能够准确地获取所需的数据。传感器的布置也需要精心设计，以保证传感器能够覆盖到需要监测的区域，并且不受外界干扰。传感器不仅仅是数据的来源，更是自动化系统能够实现智能化和自主化的基础。通过传感器获取的实时数据，控制系统可以做出及时的反应和调整，以满足系统的控制要求。因此，在自动化技术中，传感器的选择、布置和使用是至关重要的，它们直接影响到自动化系统的性能和效果。

4. 控制器

控制器是自动化系统的核心部件，其功能是处理传感器获取的数据，并根据预先设定的控制算法生成控制信号，以实现对系统的精确控制。控制器可以是硬件、软件或者二者结合的形式。硬件控制器通常由微处理器或者专用集成电路组成，其主要功能是对输入信号进行处理和运算，并生成相应的输出信号。软件控制器则是通过编程实现控制算法，通常运行在计算机或者嵌入式系统中，具有灵活性和可扩展性。硬件与软件结合的控制器结构将硬件的实时性和软件的灵活性结合起来，可以更好地满足不同应用场景的控制需求。控制器的选择取决于控制对象的特性和控制要求，需要综合考虑控制精度、实时性、成本等因素。在自动化技术中，控制器的设计和实现是实现自动化控制的关键，控制器的性能和稳定性直接影响到系统的控制效果和运行效率。因此，在自动化系统的设计和实现中，需要充分考虑控制器的选择和优化，以提高系统的性能和可靠性。

5. 执行器

执行器是自动化系统中负责执行控制信号的部件，其工作原理和种类取决于控制对象的特性和控制要求。执行器接收来自控制器的控制信号，通过控制对象的作用部件实现对系统的控制。执行器的种类多种多样，常见的有电动执行器、气动执行器、液压执行器等。电动执行器通过电能驱动，可实现对系统的精确控制；气动执行器利用气体压力驱动，适用于需要快速响应和较大输出力的场合；液压执行器利用液体压力驱动，具有较大的输出力和稳定性。执行器的选择应根据控制对象的特性和控制要求进行合理选择，以实现对系统的有效控制。执行器在自动化系统中扮演着重要的角色，其性能直接影响到系统的控制效果和运行稳定性。因此，在自动化技术中，需要充分考虑执行器的选择和优化，以提高系统的性能和可靠性。

（二）分类

1.自动化技术的分类

自动化技术根据控制对象和控制方式的不同，可以分为多个领域和基本类型。其中，工业自动化、家庭自动化和交通自动化是其主要应用领域，而开环控制和闭环控制则是基本的控制方式。

（1）工业自动化

工业自动化是自动化技术在工业生产领域的应用，是现代工业制造的重要手段之一。工业自动化主要应用于工厂生产线、机器人等工业场景，旨在提高生产效率、降低生产成本、提升产品质量。工业自动化的实现离不开先进的控制理论、传感器技术和执行器技术的支持。控制理论为工业自动化提供了有效的控制策略和算法，传感器技术为工业自动化提供了实时数据采集的基础，执行器技术为工业自动化提供了实现控制目标的手段。通过工业自动化，工厂可以实现生产过程的高度自动化和智能化，大大提高了生产效率和产品质量，降低了生产成本，提升了企业的竞争力。同时，工业自动化还可以减少人工操作的风险，提高工作环境的安全性和舒适性。随着科技的不断进步和自动化技术的不断发展，工业自动化将在未来发挥更加重要的作用，为工业制造注入新的活力和动力。

（2）家庭自动化

家庭自动化是自动化技术在家庭生活领域的应用，旨在提升家庭生活的便利性、舒适度和安全性。它主要应用于家庭设备控制、安全监控等方面。通过智能化的设备和系统，可以实现对家庭环境的智能管理和控制。家庭自动化涵盖了诸多方面，包括但不限于智能照明系统、智能家居电器、智能安防系统、智能家庭娱乐系统等。通过这些智能化设备的联动和控制，家庭成员可以更加便捷地控制家居设备，实现智能化的生活方式。例如，可以通过手机或者语音助手控制家庭照明和温度，实现节能环保；可以通过智能安防系统实现远程监控和报警，提升家庭安全性。家庭自动化不仅提升了生活品质，也提高了家庭成员的生活便利性和舒适度。随着智能技术的不断发展和普及，家庭自动化将在未来得到更加广泛地应用，为人们创造更加智能、便捷和舒适的家居环境。

（3）交通自动化

交通自动化是指将自动化技术应用于交通管理领域，以提高交通系统的效率、安全性和环保性。它主要包括交通信号控制、智能交通系统等方面的应用。交通信号控制是交通自动化的重要组成部分，通过智能化的交通信号灯和控制系统，实现对交通流的精确控制，优化交通流量分配，减少交通拥堵，提高道路通行能力。智能交通系统是指运用现代信息技术、通信技术和控制技术，对城市交通进行全面监测、管理和调度，实现交通系统的智能化和高效化。智能交通系统包括交通流量监测、智能交通信号控制、智能交通管理和信息服务等功能，通过这些功能的综合应用，可以实现交通系统的智能优化调度，提高交通运输效率和安全性。交通自动化的实现离不开先进的传感器技术、通信技术和控制技术的支持，这些技术的应用使交通系统能够实现智能化管理和控制，提高交通运输的效率和安全性。交通自动化是现代城市交通管理的重要手段之一，通过交通自动化的推广和应用，可以有效缓解城市交通拥堵、提高交通运输效率，改善城市交通环境，提升城市交通运输的质量和效率。

2.控制方式的分类

自动化技术根据控制方式的不同，可以分为开环控制和闭环控制两种基本类型。这两种控制方式在实际应用中有着不同的特点和适用范围。

（1）开环控制

开环控制是一种基本的控制方式，其特点是控制器的输出不受控制对象反馈信息的影响。这意味着控制器仅根据预先设定的控制策略和算法来生成控制信号，而不考虑实际输出是否达到预期目标。开环控制常用于一些简单的控制任务，例如定时器控制灯光的开关、定时器控制门的开启等。在这些应用场景中，控制目标相对简单，不需要考虑控制对象的实时状态和外部环境的影响，因此开环控制是一种简单且有效的控制方式。

然而，开环控制也存在一些局限性。首先，由于控制器输出不受反馈信息影响，无法实时调整控制策略，因此对于控制对象的变化和外部干扰不敏感。其次，开环控制的精度较低，无法保证控制对象的输出符合预期要求。最后，开环控制无法实现对控制过程的闭环监控，无法及时发现和纠正控制误差。

因此，开环控制适用于一些简单的、不需要高精度控制的场合。对于需要更精确、更稳定的控制要求，通常需要采用闭环控制或者其他更为复杂的控制方式。

（2）闭环控制

闭环控制是一种常用的控制方式，其特点是控制器的输出受到控制对象反馈信息的影响。通过不断地比较实际输出与期望输出之间的差异，并根据差异大小来调整控制器的输出，闭环控制可以实现对控制对象的精确控制。闭环控制通常应用于需要稳定性较高的控制任务，例如温度控制、速度控制等。

闭环控制的核心是反馈环节，通过反馈环节实时获取控制对象的实际输出，并与期望输出进行比较，从而实现对控制过程的实时监控和调节。当控制对象发生变化或受到外部干扰时，闭环控制可以及时调整控制器的输出，使系统保持在期望状态，具有较高的控制精度和稳定性。闭环控制在工业生产、交通管理、机器人控制等领域都有广泛地应用，为各种控制系统提供了一种有效的控制方式。

然而，闭环控制也存在一些问题和挑战。首先，闭环控制的设计和调试较为复杂，需要考虑到系统的稳定性、收敛性和抗干扰能力等因素。其次，闭环控制的性能受到传感器精度、采样周期等因素的影响，需要对这些因素进行精确地调节和控制。最后，闭环控制还可能存在过调节、欠调节等问题，需要通过合理的控制策略和参数调节来解决。

二、自动化技术在电子系统设计中的应用

（一）电路设计自动化

1.自动布线

自动布线技术，作为电路设计自动化的核心组成部分，是现代电子工程领域

的一项革命性创新。它通过精妙的计算机算法，实现了电路板上元件间连接路径的自动化规划，这一过程不仅极大地减轻了设计师的劳动强度，更在提升电路性能和可靠性方面发挥了不可替代的作用。自动布线的魅力在于其能够在复杂的电路布局中，寻找到那些既满足设计规则又优化了信号传输的路径，从而在微观层面上雕琢出电路的卓越性能。

在这一领域，算法的创新是推动技术进步的引擎。遗传算法，以其模拟自然选择和遗传机制的独特方式，在自动布线中展现了强大的生命力。它通过模拟生物进化过程中的选择、交叉和变异，不断迭代优化布线方案，直至找到满足设计约束的最优解。而模拟退火算法则借鉴了物理学中的退火过程，通过模拟系统从高温逐渐冷却至低温状态，使得算法能够在解空间中跳出局部最优，探索全局最优解。这些算法如同智慧的工匠，在电路的迷宫中巧妙地编织着信号的通道，确保了电路的每一个角落都能高效地传递信息。

然而，自动布线并非简单的算法游戏，它是一场涉及多维度考量的复杂博弈。设计师不仅要考虑电气特性，如信号完整性和电磁兼容性，还要兼顾物理约束，如元件尺寸和散热需求，甚至要预见到制造过程中的可制造性设计规则。这些约束如同无形的网，限制着布线的自由度，也考验着算法的智慧。因此，自动布线技术的研究不仅是对算法效率的追求，更是对设计艺术和工程智慧的融合。

随着集成电路技术的飞速发展，自动布线技术也在不断地进化。面对日益增长的物质计算需求和日益复杂的电路设计，自动布线技术正面临着前所未有的挑战。如何在这些挑战中找到新的突破口，如何在保证效率的同时提升布线的质量，如何在多物理场耦合的环境中保持电路的稳定性，这些都是自动布线技术未来发展的关键问题。

展望未来，自动布线技术将继续在电子工程的舞台上扮演着重要角色。随着人工智能和机器学习技术的融入，自动布线将变得更加智能化，能够更好地理解设计意图，更高效地解决设计问题。同时，随着云计算和大数据技术的应用，自动布线将能够利用更强大的计算资源，处理更复杂的电路设计。在这样一个充满无限可能的未来，自动布线技术将继续以其独特的魅力，推动着电子工程领域的不断进步。

2. 自动布局

自动布局技术，作为电路设计自动化领域的另一颗璀璨明珠，其核心在于通过精密的计算机算法，实现电路元件在有限空间内的智能排列。这一过程不仅极大地简化了设计师的工作流程，更在提升电路设计的整体效率和质量方面发挥了至关重要的作用。自动布局的精髓在于其能够在复杂的电路设计中，寻找到那些既满足电气连接需求又符合物理布局规则的元件位置，从而在宏观层面上构建出电路的坚实骨架。

在这一领域，算法的创新同样是推动技术发展的关键。模拟退火算法，以其独特的全局搜索能力，在自动布局中展现了其独特的优势。它通过模拟物质退火过程中的温度变化，使得算法能够在解空间中跳出局部最优，探索更为广阔的全局最优解。禁忌搜索算法则通过引入禁忌表，避免算法在搜索过程中重复访问已经评估过的解，从而提高了搜索的效率和多样性。这些算法如同巧夺天工的雕塑家，在电路板的画布上精心雕琢，确保每一个元件都能找到其最佳的安放之所。

然而，自动布局并非仅仅是算法的堆砌，它是一场涉及多维度考量的精密舞蹈。设计师不仅要考虑电气特性，如信号的传输路径和电磁干扰的抑制，还要兼顾物理约束，如元件的尺寸和散热需求，甚至要预见到制造过程中的可制造性设计规则。这些约束如同无形的舞步，引领着元件在电路板上的优雅移动，也考验着算法的智慧。因此，自动布局技术的研究不仅是对算法效率的追求，更是对设计艺术和工程智慧的融合。

随着集成电路技术的飞速发展，自动布局技术也在不断地进化。面对日益增长的金融计算需求和日益复杂的电路设计，自动布局技术正面临着前所未有的挑战。如何在这些挑战中找到新的突破口，如何在保证效率的同时提升布局的质量，如何在多物理场耦合的环境中保持电路的稳定性，这些都是自动布局技术未来发展的关键问题。

3. 自动化仿真

自动化仿真技术，作为现代电子设计自动化（EDA）领域的一座灯塔，照亮了电路设计的前行之路。它通过精密的仿真软件，构建起电路的虚拟世界，让设计师能够在数字的海洋中预见电路的脉动与呼吸。这一过程不仅极大地缩短了设计周期，更在提升电路设计的准确性和可靠性方面发挥了不可替代的作用。自动化仿真的魅力在于其能够在电路尚未成形之前，就通过模拟分析揭示出设计的内在规律，预测其在各种工作条件下的表现，从而在设计的早期阶段捕捉到潜在的瑕疵，避免在实际制造后才暴露出的问题。

在这一领域，仿真软件的选择和电路模型的建立是技术的双翼。SPICE（Simulation Program with Integrated Circuit Emphasis）作为电路仿真的先驱，以其强大的模拟能力和广泛的应用，成为电子工程师的得力助手。HSPICE 则以其高精度和高速度的仿真能力，在高速电路设计领域占据了一席之地。这些仿真工具如同智慧的炼金术士，将电路的复杂性转化为数字的精确性，让设计师能够在虚拟的环境中反复试验，直至找到最佳的设计方案。

然而，自动化仿真并非简单的软件操作，它是一场涉及多学科知识的深度融合。设计师不仅要精通电路理论，还要熟悉电磁场、热力学等多领域的知识，以便建立准确的电路模型。同时，选择合适的仿真方法也是一门艺术，它要求设计师根据电路的特性和设计目标，灵活运用直流分析、交流分析、瞬态分析等多种仿真技术。这些技术如同多面的镜子，反射出电路在不同角度下的真实面貌，帮助设计师全面理解电路的行为。

随着集成电路技术的飞速发展，自动化仿真技术也在不断地进化。面对日益增长的数学计算需求和日益复杂的电路设计，自动化仿真技术正面临着前所未有的挑战。如何在这些挑战中找到新的突破口，如何在保证仿真精度的同时提升仿真的速度，如何在多物理场耦合的环境中保持仿真的准确性，这些都是自动化仿真技术未来发展的关键问题。

（二）系统集成自动化

1. 自动化系统设计

（1）系统集成软件

系统集成软件，作为现代信息技术领域的一座桥梁，连接着不同系统、不同平台、不同语言的孤岛，使得数据和功能得以在多样化的环境中自由流动。它们不仅仅是代码的编织者，更是系统间沟通的使者，将分散的系统元素编织成一个和谐统一的整体，从而提升系统的协同效率和响应能力。系统集成软件的精髓在于其能够在复杂多变的系统环境中，寻找到那些既满足功能需求又符合技术规范的集成方案，从而在宏观层面上构建出系统的坚实骨架。

在这一领域，软件的选择和集成策略的制定是技术的双翼。LabVIEW，以其图形化编程的独特魅力，成为工程师和科学家进行数据采集、仪器控制和实时分析的得力工具。MATLAB 则以其强大的数学计算能力和丰富的工具箱，在科学计算和工程设计领域占据了一席之地。这些集成软件如同巧夺天工的雕塑家，在系统的画布上精心雕琢，确保每一个功能模块都能找到其最佳的安放之所。

然而，系统集成并非仅仅是软件的堆砌，它是一场涉及多维度考量的精密舞蹈。设计师不仅要考虑功能模块的兼容性，如数据格式的统一和接口的标准化，还要兼顾系统的可扩展性，如模块的添加和替换的便捷性，甚至要预见到系统运行中的安全性问题。这些约束如同无形的舞步，引领着功能模块在系统中的优雅移动，也考验着集成软件的智慧。因此，系统集成技术的研究不仅是对软件效率的追求，更是对设计艺术和工程智慧的融合。

随着信息技术的飞速发展，系统集成软件也在不断地进化。面对日益增长的市场需求和日益复杂的系统设计，系统集成软件正面临着前所未有的挑战。如何在这些挑战中找到新的突破口，如何在保证集成效率的同时提升系统的稳定性，如何在多技术融合的环境中保持系统的灵活性，这些都是系统集成软件未来发展的关键问题。

（2）无缝集成技术

无缝集成技术，这一概念如同现代科技领域中的一条无形的纽带，它将分散在不同系统中的功能模块紧密地联系在一起，使得这些模块能够在统一的指挥下协同工作，共同编织出一个高效、稳定、灵活的系统网络。在这个网络中，每一个模块都是一个活跃的节点，它们通过精心设计的接口和通信协议，实现着信息的自由流动和功能的完美融合。无缝集成技术的核心在于其能够在保持各个模块独立性的同时，构建起一个无缝衔接的系统环境，使得整个系统的运行如同一场精心编排的交响乐，每个音符都恰到好处，每个节奏都和谐统一。

在这一技术领域，接口的设计和通信协议的制定是实现无缝集成的关键。接口，作为模块间交流的桥梁，必须具备高度的兼容性和灵活性，能够适应不同模块的多样性需求。通信协议，则如同交通规则，确保信息在模块间的传递有序而高效。这些技术要素如同精密的齿轮，相互啮合，共同推动着系统的高效运转。

然而，无缝集成并非简单的技术堆砌，它是一场涉及多学科知识的深度融合。设计师不仅要精通计算机科学，还要熟悉网络通信、数据处理等多领域的知识，以便设计出既满足功能需求又符合技术规范的集成方案。同时，选择合适的集成方法也是一门艺术，它要求设计师根据系统的特性和设计目标，灵活运用模块化设计、面向服务的架构（SOA）、微服务架构等多种集成技术。这些技术如同多面的镜子，反射出系统在不同角度下的真实面貌，帮助设计师全面理解系统的运行机制。

随着信息技术的飞速发展，无缝集成技术也在不断地进化。面对日益增长的市场需求和日益复杂的系统设计，无缝集成技术正面临着前所未有的挑战。如何在这些挑战中找到新的突破口，如何在保证集成效率的同时提升系统的稳定性，如何在多技术融合的环境中保持系统的灵活性，这些都是无缝集成技术未来发展的关键问题。

（3）系统整体性能提升

在当今这个高度依赖信息技术的时代，系统的整体性能提升已成为推动科技进步的引擎之一。自动化系统设计，这一概念如同一位精于调配的指挥家，它通过精准的策略和技巧，将系统的各个组成部分协调至最佳状态，从而奏响一曲高效、稳定的交响乐章。在这个过程中，优化系统架构和通信方式成为提升性能的关键步骤，它们如同雕塑家手中的刻刀，精细地雕琢着系统的每一个细节，以期达到性能的极致。

系统架构的优化，是对系统内在结构的重新塑造。它要求设计师深入理解系统的运行机制，识别出潜在的瓶颈和冗余，然后通过重构和重组，消除这些障碍，使得系统的各个组件能够更加高效地协同工作。这种优化不仅仅是技术层面的调整，更是对系统设计哲学的深刻反思，它要求设计师具备前瞻性的视野和创新性的思维，能够在复杂多变的系统环境中，找到提升性能的最佳路径。

通信方式的优化，则是对系统间信息流动的精妙调控。在这个信息爆炸的时代，数据如同江河般汹涌澎湃，如何在保证数据准确无误的同时，降低系统的延迟和能耗，提高数据的传输效率，成为通信优化的核心问题。这不仅需要对现有的通信协议进行细致的分析和改进，还需要探索新的通信技术，如5G、物联网等，以适应未来通信的需求。

然而，系统整体性能的提升并非一蹴而就，它是一场涉及多维度考量的持久战。设计师不仅要考虑系统的当前性能，还要预见未来的发展趋势，确保系统具备足够的可扩展性和灵活性。同时，安全性问题也是不可忽视的一环，一个高性能的系统必须同时是一个安全的系统，能够在面对各种威胁时保持稳定运行。

随着技术的不断进步，系统整体性能提升的挑战也在不断演变。设计师们正面临着如何将人工智能、机器学习等前沿技术融入系统设计，以实现更加智能化的性能优化。同时，随着云计算和边缘计算的兴起，如何在这些新兴计算模式下提升系统性能，也成了研究的热点。

2.自动化测试

（1）全面测试方案

在信息技术日新月异的今天，软件系统的复杂性不断攀升，其对于准确性、可靠性和效率的要求也随之提高。在这样的背景下，全面测试方案成为确保软件质量的基石。自动化测试，这一现代测试领域的瑰宝，以其高效、精准的特性，成为检验集成系统是否达到设计标准的利器。它如同一位严谨的检验师，通过精心编排的测试脚本，对系统的每一个角落进行细致地审视，确保每一项功能都能如预期般运转，每一项性能指标都能达到既定的标准。

全面测试方案的构建，是一场涉及多维度考量的精密工程。它不仅仅是对代码的简单验证，更是对系统整体性能的全面评估。在这个过程中，功能测试是基础，它确保系统的每一个功能模块都能独立且正确地完成其预定任务。性能测试则是对系统在高负载、高并发情况下的响应能力和处理速度的考验，它要求系统在面对极限挑战时依然能够保持流畅地运行。稳定性测试则是对系统长期运行能力的检验，它模拟系统在连续工作状态下的表现，确保系统在长时间运行后依然能够保持稳定，不出现性能衰减或故障。

然而，全面测试方案的构建并非简单的测试用例堆砌，它需要测试工程师具备深厚的专业知识和丰富的实践经验。测试工程师必须深入理解系统的业务逻辑和技术架构，才能设计出既全面又具有针对性的测试方案。同时，测试工程师还需要掌握各种测试工具和方法，如单元测试、集成测试、压力测试等，以及自动化测试框架和脚本语言，如 Selenium、JUnit、Python 等，以提高测试的效率和准确性。

在全面测试方案的实施过程中，测试数据的准备和管理也是一项重要任务。测试数据的质量直接影响到测试结果的准确性，因此，测试工程师需要精心设计测试数据，确保它们能够覆盖各种可能的业务场景和异常情况。同时，测试数据的生成、存储和维护也需要遵循严格的数据管理规范，以保证测试数据的安全性和可用性。

（2）测试软件

测试软件通常包括了多种功能和工具，如测试脚本编写、自动化测试执行、结果分析和报告生成等。这些功能的集成使得测试人员能够更加方便地进行测试工作，提高了测试的准确性和可靠性。首先，测试软件可以帮助测试人员快速编写测试脚本。测试脚本是自动化测试的核心，它们定义了测试的具体步骤和预期结果。通过测试软件提供的编程接口和工具，测试人员可以快速编写出复杂的测试脚本，覆盖各种测试场景，从而提高测试的全面性和深度。其次，测试软件可以帮助测试人员执行测试任务。自动化测试可以大大减少人工测试的工作量，提高测试的效率和一致性。测试软件可以自动化执行测试脚本，并记录测试过程中的各种信息，如执行时间、测试结果等，为后续的分析和报告生成提供数据支持。最后，测试软件还可以帮助测试人员分析测试结果。测试结果分析是测试过程中的关键环节，它可以帮助发现系统存在的问题，并及时进行修复和优化。测试软件提供了各种分析工具和报告生成功能，可以帮助测试人员快速准确地分析测试结果，并生成详细的测试报告，为开发人员提供问题定位和解决方案。

（3）测试结果分析

测试结果分析是软件测试中至关重要的一环。通过对测试结果的深入分析，可以全面了解系统的性能、稳定性等方面，并发现潜在的问题和改进空间。测试结果分析通常包括以下四个方面：首先，对测试数据进行统计和分析，包括测试覆盖率、执行时间、资源占用情况等。通过对这些数据的分析，可以评估测试的完整性和有效性，从而确定测试的质量和可靠性。其次，对测试中发现的问题进行分类和整理，包括功能性问题、性能问题、兼容性问题等。对问题进行分类可以帮助开发人员更好地理解问题的本质和影响，有针对性地进行修复和优化。再次，还需要对系统的稳定性进行评估，包括系统在不同负载下的表现和响应情况。通过对系统稳定性的评估，可以确定系统的承载能力和稳定性水平，为系统的进一步优化提供参考依据。最后，还需要对测试过程中的各种环境因素进行分析，包括硬件环境、软件环境、网络环境等。这些环境因素可能会影响系统的性能和稳定性，需要在测试结果分析中进行充分考虑。

（三）生产流程自动化

1.自动化控制

（1）自动化设备

自动化设备是现代工业生产中的重要组成部分，它们通过自动控制系统实现对生产过程的自动化管理和控制。这些设备包括了各种先进的控制和监控设备，如可编程逻辑控制器（PLC）、监控与数据采集系统（SCADA）、分散控制系统（DCS）等。这些设备通过预先设定的程序和参数，可以自动地对生产过程中的各项参数进行调节和控制，从而提高生产效率、降低生产成本，并提高产品的质量和一致性。

第一，PLC是自动化设备中的核心部件之一，它具有高度的可编程性和灵活性，可以根据不同的生产需求编写不同的控制程序。PLC可以接收各种传感器和执行器的信号，根据预先设定的逻辑和算法进行处理，并控制执行器的动作，实现对生产过程的精确控制和调节。

第二，SCADA系统是用于监控和数据采集的重要工具，它可以实时地监测生产过程中的各项参数，并将数据传输给上位机进行分析和处理。SCADA系统具有友好的人机界面和强大的数据处理能力，可以帮助生产管理人员及时了解生产现场的情况，做出及时的决策。

第三，DCS是一种分散控制系统，它将控制功能分布到各个控制单元中，通过网络进行通信和协调，实现对整个生产过程的分布式控制。DCS系统具有高度的可靠性和灵活性，可以适应复杂的生产环境和工艺要求，提高生产系统的稳定性和可靠性。

（2）自动化控制系统

自动化控制系统是现代工业生产中的关键组成部分，它通过自动化设备、传感器、执行机构等组件，实现对生产流程的全面控制和管理。自动化控制系统的设计旨在提高生产效率、降低生产成本，并确保产品质量和一致性。

第一，自动化控制系统的核心是自动化设备，如 PLC、SCADA、DCS 等。这些设备通过预先编写的控制程序，监测生产过程中的各种参数，并根据设定的逻辑和算法，自动调节执行机构的动作，实现对生产过程的精确控制。

第二，传感器在自动化控制系统中扮演着重要角色，它们用于实时监测生产过程中的各种物理量，如温度、压力、流量等。传感器将监测到的数据传输给自动化设备，帮助系统及时调节控制参数，确保生产过程的稳定性和一致性。

第三，执行机构是自动化控制系统中的另一个关键组件，它们根据自动化设备发出的指令，执行相应的动作，控制生产过程中的各种设备和工艺。执行机构的性能直接影响到系统的响应速度和控制精度，因此在系统设计中需要考虑到执行机构的选择和配置。

（3）生产效率提升

生产效率提升是现代工业生产的核心目标之一，而自动化控制是实现生产效率提升的重要手段之一。通过自动化控制，可以有效地提高生产效率，实现生产过程的智能化和自动化。

第一，自动化设备的应用可以大大提高生产效率。自动化设备具有高度的可编程性和灵活性，可以根据实际生产情况自动调节生产参数，实现生产过程的优化和最大化。例如，在生产流水线上使用自动化机器人可以大幅提高生产速度和效率，减少人工干预的时间和成本。

第二，自动化控制可以避免人为因素对生产效率的影响。人为因素往往是影响生产效率的重要原因之一，例如人为错误、疏忽等。通过自动化控制，可以减少人为因素的影响，提高生产过程的稳定性和一致性，进而提高生产效率。

第三，自动化控制还可以实现生产过程的实时监控和调节。通过监控生产过程中的各种参数和数据，可以及时发现生产过程中的问题，并采取相应的措施进行调整和优化，从而提高生产效率和质量。

自动化控制是提高生产效率的重要手段之一。通过合理应用自动化设备和技术，可以实现生产过程的智能化和自动化，提高生产效率、降低生产成本，并提高产品质量和一致性，为工业生产的现代化和智能化奠定基础。

2. 自动化监测

（1）传感器技术

传感器可以实时监测生产过程中的各种参数，如温度、压力、流量、湿度等，并将监测到的数据传输给控制系统，实现对生产过程的实时监测和控制。

第一，传感器的种类繁多，可以根据监测的参数和工作原理进行分类。根据监测的参数可以分为温度传感器、压力传感器、流量传感器等；根据工作原理可以分为电阻式传感器、电容式传感器、光电传感器等。不同类型的传感器具有不同的特点和适用范围，可以满足各种不同场景下的监测需求。

第二，传感器在工业生产中的应用非常广泛。例如，在汽车制造业中，温度传感器可以用来监测发动机温度，压力传感器可以用来监测轮胎气压；在化工生产中，流量传感器可以用来监测管道流量，压力传感器可以用来监测容器压力。传感器的应用可以实现对生产过程的精确监测和控制，提高生产效率和产品质量。

第三，随着物联网技术的发展，传感器技术也得到了进一步的发展和应用。通过将传感器与互联网相连接，可以实现对传感器数据的远程监测和管理，实现智能化的生产和管理。传感器技术的不断发展和创新将进一步推动工业自动化和智能化的发展，为工业生产和社会发展带来新的机遇和挑战。

（2）监测设备

监测设备在工业生产和科学研究中起着至关重要的作用，它们可以实现对生产过程和环境参数的实时监测，为生产管理和科学研究提供准确的数据支持。监测设备包括各种传感器、监测仪器等，其选择和应用应根据实际生产需要和监测对象的特性进行合理选择，以确保监测结果的准确性和可靠性。

第一，传感器是监测设备中最常用的一种，它们可以根据监测对象的特性和监测需求选择不同类型的传感器，如温度传感器、压力传感器、湿度传感器等。传感器通过将物理量转换为电信号，实现对监测对象的实时监测，并将监测数据传输给监测系统进行处理和分析。

第二，监测仪器是监测设备中的另一类重要设备，它们通常具有更高的精度和灵敏度，可以实现对更复杂参数的监测，如化学成分、粒径分布等。监测仪器广泛应用于化工、医药、环保等领域，为生产过程的控制和优化提供了重要支持。

第三，随着科技的发展，监测设备也在不断更新换代，出现了许多新型监测技术和设备，如纳米传感器、无线传感器网络等。这些新型监测设备具有更高的灵敏度和更广泛的监测范围，可以实现对更复杂环境和生产过程的实时监测和控制。

（3）实时问题处理

实时问题处理在工业生产中扮演着至关重要的角色。通过实时监测生产过程中的各种参数和指标，可以及时发现潜在问题并迅速采取措施加以解决，从而保障生产的顺利进行。实时问题处理不仅可以有效减少生产过程中的停机时间和生产损失，还能够提高生产效率和产品质量，为企业创造更大的价值。

第一，实时监测是实时问题处理的基础。通过各类传感器和监测设备，可以实时地监测生产过程中的温度、压力、流量、速度等参数，及时发现异常情况。监测数据可以反映生产过程的实际运行状况，为问题处理提供依据和支持。

第二，及时响应是实时问题处理的关键。一旦发现生产过程中出现异常情况，需要立即采取相应的措施进行调整和处理。这可能包括调整生产设备的工作参数、更换部件、停止生产线等，以避免问题进一步扩大影响生产进程。

第三，实时问题处理需要具备良好的决策能力和执行力。在处理问题时，需要快速准确地做出决策，并有能力迅速执行，以最大程度地减少生产损失。因此，生产管理人员需要具备较高的工作能力和应急处置能力。

第七章　智能系统集成与应用案例

第一节　智能系统集成技术

一、智能系统集成的基本概念和流程

（一）智能系统集成的概念

智能系统集成是一种复杂的技术和方法，旨在将多种智能技术和系统组件整合为一个完整的系统，以实现更高级别的功能和性能。这种集成涉及多个技术领域，如传感技术、数据处理技术、智能算法等。在智能系统集成中，传感技术起着关键作用，通过传感器收集环境和用户数据，为系统提供输入信息。数据处理技术则负责处理和分析这些数据，从中提取有用的信息。智能算法是实现系统智能化的核心，通过对数据进行分析和决策，使系统能够根据不同情况作出相应的反应。除此之外，智能系统集成还涉及人机交互技术，通过界面设计和交互方式，使用户能够方便地与系统进行沟通和操作。综合运用这些技术，智能系统集成可以实现诸如智能家居、智能工厂、智能交通等领域的应用，为人们的生活和工作带来便利和效率提升。智能系统集成的发展面临着诸多挑战，如系统兼容性、数据安全性、系统稳定性等问题，需要不断地研究和探索，以提高智能系统的性能和可靠性。

（二）智能系统集成的流程

1. 需求分析阶段

在这个阶段，首先需要明确系统的功能需求和性能指标。通过与用户的沟通和需求调研，了解用户的实际需求和使用场景。同时，还需要考虑系统的可行性和实现的可行路径，为后续的设计和开发工作奠定基础。

2. 系统设计阶段

在需求分析的基础上，进行系统设计。这包括确定系统的整体架构和各个模块的功能设计。在设计过程中，需要考虑到系统的扩展性、灵活性和可维护性，以便后续的集成和测试工作。

3. 系统集成阶段

在系统设计完成后，进行系统集成工作。这包括将各个模块进行整合和测试，确保各个模块之间的协同工作。在集成过程中，可能会涉及硬件和软件的兼容性测试，以及接口的适配和调试工作。

4. 系统测试阶段

在集成完成后，对整个系统进行功能测试和性能评估。通过模拟实际使用环境，发现系统中存在的问题并及时解决。同时，还需要对系统的安全性和稳定性进行评估，确保系统能够在各种情况下正常运行。

5. 系统运行阶段

在系统测试通过后，将系统投入正式运行。在运行阶段，需要对系统进行监控和维护，及时处理系统出现的问题，保证系统的稳定运行。

二、智能系统集成中的关键技术和挑战

（一）关键技术

1. 传感技术

传感技术通过传感器实现对环境信息和用户数据的实时获取和监测，为智能系统提供了关键的输入。传感器可以感知并测量物体的位置、温度、湿度、光线等各种参数，将这些信息转换成数字信号，以便系统进行分析和处理。传感技术的发展使得智能系统能够更加准确、快速地感知周围环境，从而实现更加智能化和智能化的功能。

第一，传感技术在智能系统中的应用领域十分广泛。在工业领域，传感技术被广泛应用于生产过程的监测和控制，可以实现对生产设备的实时监测和远程控制，提高生产效率和产品质量。在农业领域，传感技术可以实现对土壤、气候等环境因素的监测，帮助农民做出科学的种植决策，提高农作物的产量和质量。在

医疗领域，传感技术可以实现对患者生理参数的监测，帮助医生进行诊断和治疗，提高医疗效率和治疗效果。

第二，传感技术的发展为智能系统的智能化和智能化提供了重要支持。随着传感技术的不断创新和发展，传感器的性能不断提高，可以实现对更多、更精确的参数的监测和测量。传感技术的智能化也在不断提升，传感器可以实现自动识别和校准，减少了人工干预，提高了系统的稳定性和可靠性。传感技术的智能化还可以实现对数据的实时处理和分析，使得系统可以更快地做出反应和调整，提高了系统的智能化水平。

2.数据融合技术

数据融合技术在智能系统中扮演着至关重要的角色，它通过整合来自不同来源的数据，如传感器、数据库、网络等，形成更加全面和准确的信息，为智能系统的决策提供可靠的依据。数据融合技术可以分为数据级、特征级和决策级融合，不同级别的融合技术在智能系统中发挥着不同的作用。

第一，数据级融合技术是指将来自不同传感器的原始数据进行整合和处理，形成更加全面和准确的数据。通过数据级融合技术，智能系统可以获取更加全面和准确的环境信息，为系统的分析和决策提供更加可靠的数据支持。例如，在智能交通系统中，数据级融合技术可以将来自交通摄像头、车载传感器等不同数据源的数据进行整合，实现对交通状况的全面监测和分析，为交通管理部门提供决策支持。

第二，特征级融合技术是指将来自不同数据源的特征信息进行整合和处理，形成更加全面和准确的特征信息。通过特征级融合技术，智能系统可以从多个角度对数据进行分析和处理，提高数据的利用效率和决策的准确性。例如，在智能医疗系统中，特征级融合技术可以将来自患者身体传感器、医疗数据库等不同数据源的特征信息进行整合，实现对患者健康状况的全面评估，为医生提供个性化的诊疗方案。

第三，决策级融合技术是指将来自不同数据源的决策信息进行整合和处理，形成更加全面和准确的决策结果。通过决策级融合技术，智能系统可以从多个角度对数据进行分析和处理，提高决策的准确性和效率。例如，在智能制造系统中，决策级融合技术可以将来自生产线传感器、供应链管理系统等不同数据源的决策信息进行整合，实现对生产计划的全面优化，提高生产效率和产品质量。

3. 智能算法

智能算法是指那些能够模拟人类智能行为的算法，如机器学习、深度学习等。在智能系统集成中，智能算法可以对传感器获取的数据进行分析和决策，使得系统能够根据环境变化和用户需求作出相应的反应。智能算法的发展使得智能系统具有了更高的智能化水平，能够更好地适应复杂多变的环境。

4. 人机交互技术

人机交互技术是指实现用户与智能系统之间交互和控制的技术。通过界面设计和交互方式，用户可以方便地与智能系统进行沟通和操作，实现对系统的控制和监控。人机交互技术的发展使得智能系统更加易用和友好，提高了用户的体验和工作效率。

（二）挑战

1. 系统兼容性

系统兼容性是智能系统集成过程中的一个重要挑战。由于智能系统涉及的技术和组件多样，不同系统和模块之间可能存在兼容性问题，导致系统无法正常工作或者功能受限。解决这一挑战需要对系统架构和接口进行深入设计和分析，确保各个组件能够协同工作。

2. 数据安全性

数据安全性是智能系统集成中的另一个关键挑战。智能系统涉及大量的数据传输和处理，其中包括用户的个人信息、机密数据等，如果这些数据泄露或者被篡改，将会对系统和用户造成严重的损失。因此，确保数据的安全传输和存储是智能系统集成中的重要任务，需要采用加密、认证等技术来保护数据的安全性。

3. 系统稳定性

系统稳定性是智能系统集成中需要重点考虑的挑战之一。智能系统通常需要长时间运行，对系统的稳定性要求较高。系统稳定性问题可能会导致系统崩溃或者出现故障，影响系统的正常运行。因此，在系统设计和集成过程中，需要考虑到各种情况下系统的稳定性，确保系统能够在各种情况下都能够稳定运行。

4. 可靠性和实时性

智能系统在关键时刻需要能够可靠地运行和响应，这就需要系统具有较高的可靠性和实时性。可靠性指系统在长时间运行中不发生故障的能力，实时性指系统对事件的及时响应能力。解决可靠性和实时性问题需要对系统的设计和实现进行全面考虑，确保系统能够及时响应各种事件，并且在长时间运行中保持稳定性。

第二节　智能系统在实际应用中的案例分析

一、制造业

智能制造装备在中国市场上的需求旺盛，成为推动中国制造业发展的重要推动力。智能制造的兴起不仅使人们的生活更加便利，也推动了科学技术的进步，成为中国制造业发展不可或缺的一环。智能制造的发展提升了工业制造的智能化水平，为中国综合竞争力的提升提供了强大支持。然而，尽管中国在智能制造方面已经取得了一定进展，但整体水平仍有较大提升空间。因此，有必要根据当前发展现状，制定相应的应对策略，以确保智能制造能够稳步健康发展。

（一）智能制造的概念

智能制造是指利用先进的信息技术和智能化技术，通过对生产过程和生产要素进行感知、分析、决策和执行，实现生产过程的智能化、网络化和数字化，提高生产效率、产品质量和灵活性的制造模式。智能制造的核心是智能化生产系统，它由智能设备、智能工厂、智能供应链和智能产品组成，通过互联网和物联网等技术实现彼此之间的信息共享和协同工作。

智能制造的概念体现了人工智能和机器人技术在制造领域的应用，将传统的制造过程转变为智能化的、自动化的生产方式。智能制造系统具有自主学习、自适应、自组织、自我修复等能力，能够实现智能化的生产计划、生产调度、产品设计和制造过程控制。

在智能制造系统中，智能设备能够通过传感器感知生产环境和设备状态，通过数据分析和处理实现对生产过程的实时监控和控制。智能工厂通过信息技术实现生产过程的自动化和数字化，能够实现对生产资源的合理配置和调配，提高生产效率和产品质量。智能供应链通过信息共享和协同工作，实现对供应链的优化和管理，提高供应链的灵活性和响应速度。智能产品具有智能感知和互联功能，能够实现与智能制造系统的信息交互和互动，提高产品的智能化水平和附加值。

（二）智能制造存在的问题

从目前的情况来看，尽管国家出台了一系列鼓励智能化发展的政策，但是智能化的发展依旧存在各种各样的问题，对于智能制造发展水平的提升形成了巨大的阻碍。

1.缺少完善的周期智能系统

数据集成技术使得各个生产设备能够有效衔接在一起，实现信息的无缝传递和共享，为智能制造提供了坚实的技术基础。然而，当前我国智能制造仍面临一些挑战。首先，我国技术创新水平相对较低，大部分智能制造设备和零部件依赖于进口。这导致了制造业引入成本较高，制约了智能制造的发展速度和广度。为实现自给自足，我国需要加大自主创新力度，提高自主研发能力，降低对进口技术的依赖程度。其次，我国智能制造中材料零部件的统一化程度较低。由于缺乏统一的标准和规范，不同厂家生产的零部件难以通用，造成了生产效率低下和成本增加。建立统一的标准和规范，推动材料和零部件的统一化，将是提升智能制造效率和降低成本的重要举措。最后，我国企业管理层也缺乏建立标准化程度较高的制造管理制度。各个工厂在技术创新方面发展水平参差不齐，未能基于统一的管理制度来开展管理工作。这导致了企业生产过程中存在的质量问题和效率低下现象，制约了智能制造的整体水平。

2.缺少标准化的创新智能技术

智能制造在我国的发展取得了显著进展，标准化程度相对较高，将原本分散的生产环节整合成了一个高效协同的整体。数据集成技术使得各个生产设备能够有效衔接在一起，实现信息的无缝传递和共享，为智能制造提供了坚实的技术基础。然而，当前我国智能制造仍面临一些挑战。

（1）技术创新水平低

我国智能制造中存在着技术创新水平较低的问题。目前，大部分智能制造设备和零部件仍依赖于进口，离自给自足的目标仍然遥远。这导致了制造业引入成本较高，制约了智能制造的发展速度和广度。要解决这一问题，我国需要加大自主创新力度，提高自主研发能力，加快科技成果转化，降低对进口技术的依赖程度。

（2）材料零部件同一化程度低

由于缺乏统一的标准和规范，不同厂家生产的零部件难以通用，造成了生产效率低下和成本增加。建立统一的标准和规范，推动材料和零部件的统一化，将是提升智能制造效率和降低成本的重要举措。

（3）缺乏标准化的制造管理制度

各个工厂在技术创新方面发展水平参差不齐，未能基于统一的管理制度来开展管理工作。这导致了企业生产过程中存在的质量问题和效率低下现象，制约了智能制造的整体水平。

3.智能制造不受重视

智能制造属于近些年才兴起的新兴行业，从普通大众的角度来看，功能比较复杂，人们对于智能系统的认识比较浅显，因此需求比较小，进而造成市场供需失衡。此外，由于传统制造依旧是主流，智能制造的形成发展则是对生活方式的一种颠覆，人们未必能够适应这种新型的系统，出于成本的考虑，往往会选择价格较低的产品，这就造成传统制造在市场中占据了较大的比例。从根本上来说，之所以造成如今的局面，主要是因为人们对于智能化技术的认识不够全面，现阶段的智能系统仅仅是智能制造的一部分，其价值并未得到充分地挖掘。在未来的发展阶段，倘若对智能制造的认知依旧停留在比较浅显的阶段，认识不到智能化的价值，那么必然会使智能制造发展水平受到严重的限制。

（三）智能制造在装备制造业中应用的有效对策

在科学技术发展不断深入的当下，我国装备制造在发展的过程中需要逐渐朝着智能制造方向迈进，这能够有效促进我国传统制造业的转型和结构方面的调整。然而现阶段装备制造业中仍存在着诸多的问题，需要结合以下对策有效解决。

1.加快智能制造发展进程

要加快智能制造发展进程，需要从多个方面着手，包括技术创新、政策支持、产业升级三个方面。

（1）技术创新

在技术创新方面，国家在推动智能制造技术发展上扮演着重要角色。

首先，国家可以加大对装备制造业的资金投入，通过资金支持和政策引导，鼓励企业增加研发投入，加速智能制造技术的创新和突破。国家可以设立专项资金，用于支持智能制造技术的研发和应用，提高技术创新的效率和速度。

其次，国家可以引进先进的技术，推动技术的引进与消化吸收，加快国内智能制造技术的发展。国家可以通过制定政策，鼓励企业引进国外先进的智能制造技术和设备，促进国内智能制造产业的升级和发展。

最后，国家可以加强与高校和科研机构的合作，共同开展智能制造技术的研发工作。通过合作研发，可以充分发挥高校和科研机构在技术研究和人才培养方面的优势，推动相关技术的商业化和产业化进程。国家可以设立专门的研发基地和实验室，为高校和科研机构提供资金和技术支持，推动智能制造技术的创新和应用。最后，国家还可以鼓励企业加大自主研发力度，推动智能制造技术的快速应用和推广。国家可以通过政策支持和奖励措施，鼓励企业增加研发投入，加强技术创新，推动智能制造技术在各行业的广泛应用。

（2）政策支持

在政策支持方面，国家在智能制造业的发展上扮演着关键角色。首先，国家可以通过出台相关政策，支持智能制造技术的发展和应用。例如，可以通过税收优惠、财政补贴等方式，鼓励企业增加研发投入，推动智能制造技术的创新和应用。国家还可以制定政策，支持企业购置智能制造设备和技术，降低企业投资成本，推动智能制造产业的快速发展。其次，国家可以建立智能制造产业发展基金，为智能制造企业提供融资支持。通过设立发展基金，可以为智能制造企业提供资金保障，促进智能制造产业的健康发展。同时，国家还可以加强与金融机构的合作，为智能制造企业提供更加便捷和灵活的融资服务，支持企业的技术创新和产业升级。最后，国家还可以加强知识产权保护，为智能制造技术的创新和应用提供保障。国家可以完善知识产权法律法规，加大对知识产权的保护力度，打击侵权行为，维护智能制造技术创新的合法权益。同时，国家还可以建立知识产权保护机制，为企业提供知识产权保护的便利和支持，激发企业的创新活力，推动智能制造产业的发展。

（3）产业升级

在产业升级方面，国家可以采取一系列措施，推动传统制造业向智能制造转型升级，实现产业的转型升级和跨越式发展。第一，国家可以通过培训和技术指导，帮助传统制造业企业逐步引入智能制造技术。通过开展培训和技术指导，可以提高企业员工的技术水平和智能制造意识，推动企业加快智能化改造，提高生产效率和产品质量。国家可以建立智能制造技术培训基地和实训基地，为企业提供专业的培训和指导，加快智能制造技术在传统制造业中的推广和应用。第二，国家可以鼓励企业开展智能制造示范项目，推动智能制造技术在实践中的应用和验证。通过支持企业开展示范项目，可以在一定范围内验证智能制造技术的可行性和效果，为其他企业提供经验借鉴，推动智能制造技术在整个产业中的推广和应用。国家可以设立智能制造示范基地，为企业提供场地和资源支持，推动智能制造技术在实践中的落地和推广。第三，国家还可以加大对智能制造技术研发和应用的支持力度，推动相关技术的突破和创新。国家可以设立专项资金，用于支持智能制造技术的研发和应用，鼓励企业增加研发投入，加速技术创新。国家还可以建立智能制造技术创新平台，为企业提供技术支持和资源共享，推动智能制造技术的快速发展。

2.建立健全周期智能系统

随着科学技术的不断发展，装备制造业逐渐融入了大数据相关技术，如物联网、人工智能等。这些技术的应用使得装备制造业在生产管理、产品设计、供应链管理等方面迎来了新的机遇。然而，大数据技术的广泛应用也给装备制造带来了数据运营方面的压力。为了更好地应对这一挑战，装备制造业需要建立健全的周期智能系统，通过技术支持实现对海量数据信息的全面系统整合，从而提升制造生产的效率和质量。

（1）智能系统在装备制造中的作用

在装备制造业的发展过程中，创新需要利用到大量的信息数据。智能系统可以有效地处理这些数据，帮助企业做出更加准确和科学的决策。通过智能系统，装备制造企业可以实现生产过程的自动化和智能化，提高生产效率和产品质量。同时，智能系统还可以帮助企业进行生产计划和资源调度，优化生产流程，降低生产成本，提高企业的竞争力。

（2）建立全面、完整的周期智能系统

在装备制造业的后期生产过程中，对智能系统的重视程度需要不断提高。企业需要逐步建立一个全面、完整的周期智能系统，实现对生产全过程的监控和管理。这个系统需要涵盖生产计划、供应链管理、质量控制、设备维护等方面，实现信息的全面共享和实时更新。通过建立这样一个系统，装备制造企业可以更加高效地管理生产过程，提高产品质量，降低生产成本，实现可持续发展。

3.引进创新智能技术

在社会快速发展的当下，装备制造业在技术水平上的要求也越来越高，以往的技术逐渐难以适应装备制造相关产品的要求。因此，需要立足于装备制造业的实际发展需求，引进创新智能技术，将装备制造业发展为系统性的整体，通过先进的技术将各个分散的设备充分整合起来，实现一体化生产。此外，受技术水平限制，我国生产的部分装备制造零部件质量难以达到生产要求，需要通过进口的形式实现生产，在资金投入方面金额较大，从而造成装备制造在利润方面并不高。因此，我国装备制造业需要不断研发出高水平技术以及所需的相关零部件，减少进口依赖，实现自给自足的生产目标。此外，制定统一性的技术标准，避免在产品生产的过程中出现质量参差不齐的情况，从根本上推动我国装备制造智能化的全面发展。

4.提高对智能制造的重视度

当前，随着市场经济的快速发展，我国装备制造业在发展过程中亟须提高对智能制造的重视度，充分认识智能制造的重要性，并将其融入装备制造生产的方方面面。

第一，我国装备制造业需要全面认识智能制造的重要性。智能制造不仅仅是装备制造业的一种生产方式，更是一种全新的生产理念和技术模式。通过智能制造技术的应用，可以实现生产过程的智能化、自动化和信息化，从而提高生产效率、降低生产成本，为装备制造业注入新的活力。

第二，装备制造生产过程中的相关人员需要积极融入智能制造相关技术。在传统装备制造生产方式下，人工操作占据着主导地位，效率较低且易出错。而通过引入智能制造技术，可以实现生产过程的智能化管理和控制，减少人为干预，提高生产效率和产品质量。

第三，我国装备制造业还需要汲取国外先进的技术经验，深化改革，发挥智能制造的价值。例如，借鉴德国工业4.0的经验，我国可以通过推动信息化与工业化的深度融合，建设智能工厂，实现生产过程的智能化和柔性化，提高生产效率和产品质量，从而推动我国装备制造业的转型升级。

二、医疗健康领域

在医疗行业，人工智能技术具有较高的实用价值。在现代影像技术、互联网技术等多种先进技术的支持下，医学领域变得更加强大。将人工智能技术应用于医疗领域，可以凭借其技术优势提升医疗领域的技术水平，同时减轻医护人员的劳动强度。推动人工智能与医疗健康的结合，有助于促进医疗服务的创新供给。大力推进人工智能＋医疗健康能有效促进医疗服务创新供给，案例从智能化医疗应用等方面分析人工智能对医疗健康领域的影响，对人工智能技术的应用发展进行展望。

（一）人工智能技术在医疗健康领域中应用的意义

人工智能是研究开发用于模拟扩展人类智能应用的学科，人工智能是通过技术手段使机器智能化，使机器完成某些对智力要求较高的工作，能在以往人类无法实施的领域工作。人工智能技术快速发展，在各领域得到广泛地应用。

1943年沃伦·麦卡洛克首次提出神经网络的概念，1955年约翰·麦卡锡首次提出人工智能的概念。20世纪80年代神经网络与BT算法提出，出现了语音识别等计划。1997年超级计算机战胜俄罗斯国际象棋冠军卡斯帕罗夫，人工智能证明相对人类推算的优势。2006年Hinton提出深度学习技术，AI在各领域迅速得到发展应用。2012年，吴恩达通过提取千万未标记图像，训练16000电脑处理器组成的神经网络，网络通过自我深度学习算法从照片中准确识别猫科动物。2016年阿尔法狗与世界围棋冠军李世石比赛取胜，人工智能代表机器在围棋领域首次战败人类[1]。

人工智能的核心是算法，基础条件是数据，医疗与人工智能结合关键要素是算法＋计算能力，医疗领域有效的大数据是人工智能应用的基础，医疗数据有效性包括电子化程度，电子化程度强调数据供给量，共享机制强调数据获取渠道便捷性。随着互联网普及，各级医疗机构，行政机构普遍了解互联网，为大数据实现奠定了基础。借助人工智能技术开展智慧医疗成为医疗领域热点。

我国当前医疗服务能力无法满足民众需求的状况日益突出，随着社会发展，对医疗服务的需求呈现激增趋势。我国卫生资源总量不足，迫切需要提升医疗服务能力。人工智能技术的广泛应用在医疗健康领域，如药物研发等方面，已经表现出极大的潜力，能够显著提高医疗服务水平。推动人工智能技术在医疗健康领域的应用，将有效促进医疗服务的创新供给。

为了推动人工智能技术在医疗健康领域的发展，2017年国务院印发了《人工智能发展规划》，提出建立人工智能关键技术体系的重要性。工信部也相继印发了《促进人工智能产业发展行动计划》，对人工智能技术的发展做出了详细规划。此外，2018年国务院还印发了《促进互联网＋医疗健康发展的意见》，允许依托医疗机构发展互联网医院，以实现辅助诊断、护理、医院管理以及减少计量误差、药品研发等方面的目标，满足医疗健康领域对人工智能技术的迫切需求。

（二）人工智能技术在医疗领域中的典型应用

医疗行业高度复杂，是自动化智能化的难点。随着人工智能技术的迅猛发展，人工智能技术广泛应用于疾病预防，风险监测，新药开发等领域，人工智能在英美等先进国家医疗机构全面实践，人工智能在医学影像识别，医疗智能迪等领域发挥重要的作用[2]。

人工智能医学智能决策是使计算机学习专业医学知识，对疾病进行诊断。

1　周吉银，刘丹，曾圣雅.人工智能在医疗领域中应用的挑战与对策[J].中国医学伦理学，2019，32（03）：281-286.
2　蒋璐伊，王贤吉，金春林.人工智能在医疗领域的应用和准入[J].中国卫生政策研究，2018，11（11）：78-82.

2012年美国IBM研发人工智能系统Watson，通过自主学习通过了执业医师资格考试。病理科医生必须不断学习不同的影像数据，才能积累丰富的影像诊断经验，人工智能系统可通过自主学习记忆大量影像数据，对影像结果进行初始判定，由医生复核快速得出诊断结果。医生积累阅片量有限，但人工智能数量及经验远超人类医生。健康管理主要通过对人体健康信息采集，制定个性化监管方案，达到预防疾病发生的目的。目前国内通过人工智能采集中医四诊数据研制的中医四诊仪，使人们可以依据仪器判断症候进行调理。

手术机器人是人工智能在医疗领域核心技术应用，可以减少人为因素导致失误，部分手术无需医生操作，由机器人诊断患者疾病确定手术方案，2017年我国研发首台自动种牙机器人，将两颗新牙种入患者口腔，快速完成手术，未来人工智能机器人将具备独立的手术能力。

（三）人工智能在医疗行业的成功应用

随着人工智能技术的不断发展，其在医疗行业的应用取得了显著进展，涵盖医学影像分析、健康管理、新药研发等多个领域。传统医学影像诊断中，医生根据病人症状判断病症，而人工智能技术的应用可以帮助医生快速准确地完成诊断。例如，美国旧金山的Enlitic公司利用深度学习技术开发了肿瘤检测系统，能够学习医学影像数据，判断肿瘤的特征，该系统在恶性肿瘤检测方面超越了放射科医生。在中国，腾讯推出的腾讯觅影应用人工智能技术进行医学影像分析，能够辅助医生诊断食管癌、糖尿病视网膜病变等疾病。这些应用有效提高了医疗服务水平，为患者提供了更好的诊疗体验。

此外，医疗数据治理是另一个人工智能在医疗健康领域成功应用的例子。过去，医疗信息系统存在着记录格式不规范等问题，通过引入人工智能技术，可以利用自然语言处理技术将非结构化的病历数据转化为统一标准数据，提高数据的质量和利用率。上海的森亿智能公司就致力于医疗数据治理，通过将医疗数据转化为高质量的数据，实现了病历的自动处理，其处理水平相当于具有8年临床教育的医学研究生。

另外，语音录入病历是医疗数据处理中的一项创新应用。语音录入病历可以替代传统的打字方式，使医生更加高效地记录病历。许多语音企业已经开始研发语音识别技术的电子病历产品，实现医生通过语音与电脑交互，将医患沟通内容记录下来，并结构化整理，供医生诊疗使用。这种技术的应用不仅提高了医疗服务的效率，还改善了医患沟通的质量。

在健康管理领域，人工智能技术也发挥着重要作用。健康管理终端通过与软件结合，可以实现对人体数据的采集和分析，为用户提供健康管理建议。这种终端的应用主要体现在疾病风险预测、睡眠监测、老年人护理等方面，为用户提供了更加全面的健康管理服务。

（四）人工智能在医疗健康中应用面临的问题

目前人工智能技术在医疗健康领域处于起步阶段，距离智慧医疗仍存在很大差距，要想保证 AI 在医疗健康领域应用深入发展，仍有许多问题亟待解决。目前人工智能技术在医疗健康领域中的应用面临的问题主要包括数据质量问题，伦理问题，人才匮乏，法律监管问题等。

当前人工智能发展面临诸多挑战，高质量的数据是 AI 实现的前提基础，目前大多数医院对医疗数据开放态度不积极，一些医院愿意合作开放医疗数据，但由于临床数据质量欠佳，数据采集量不够，距离理想状态的数据存在很大差距。如何满足算法模型对数据训练的要求，是需要业内共同思考解决的问题。高质量的医疗数据对提升 AI 在医疗健康领域应用的准确性非常重要，我国医院数据大部分为非结构化数据，由于疾病复杂性，如将数据细分到每种疾病可利用样本少，AI 深度学习需要使用大量数据训练，我国各医院系统缺乏联系，没有统一标准的临床病历报告，临床用药等细节缺失，造成医疗数据质量低下。

智慧医疗的建设中产生海量数据，包括医护人员工作信息等，存在较大安全隐患，目前国家相关法律不完善，现有病历资料保护法律多为宣传性条款。人工智能算法并非准确无误，临床实践中可能遇到未接受训练的数据，如智能算法出错造成患者误诊会导致出现医疗纠纷事故，在线问诊等缺乏诊疗规范，发生医疗事故追责等问题是急需考虑的问题[1]。

（五）人工智能技术在医疗行业的未来发展

工智能技术在医疗健康领域中具有广阔的发展前景，目前人工智能技术在医

1　董可男，王楠. 智能医疗时代的曙光——人工智能＋健康医疗应用概览 [J]. 大数据时代，2017（04）：26-37.

疗领域中得到了广泛的应用，由于人工智能技术发展处于初期探索阶段，由于各种原因人工智能技术在医疗健康领域中的应用仍面临诸多问题。针对当前人工智能技术在医疗健康领域中的应用困境，推进未来人工智能技术在医疗领域中应用应严格规范行业监管，加强数据管理，健全法律法规，重视培育复合型人才，促进人工智能技术在医疗领域的深入应用。

人工智能＋医疗健康服务必须符合国家相关标准，保证对安全性，可追溯性等方面的要求，为有效评估 AI 在医疗健康中的应用，重点标准必须落实，建立完善 AI+ 医疗健康基础共性，行业应用等技术标准，加强人工智能在医疗领域的知识产权保护，健全技术创新与标准化互动支撑机制，医疗相关人工智能技术不断突破。将人工智能技术应用于临床工作需要建立监管框架，强化约束引导，确保人工智能发展在安全范围内，实现对 AI+ 医疗健康算法设计与成果应用等流程监管。

医疗大数据与人工智能发展中，个人隐私保护，国家安全问题等受到重视。各国对个人敏感信息的保护制定管理法律制度，目前法律不能界定健康数据的权属问题，导致医疗数据难以共享。没有大数据分析为基础战略资源，无法保障人工智能的深入研究，我国移交数据大多数缺乏标准化，基于标准建设高质量的人工智能＋医疗健康训练资源库，建设满足智能计算需求的基础资源服务平台，包括云端智能分析处理服务平台等，使人工智能技术在医疗健康领域中应用得到保障。

人工智能技术在医疗健康领域的应用需要复合型人才，但目前这方面的人才相对匮乏。生物医学与医学工程等交叉学科人才不足，缺乏完整的基础教育体系。为了弥补这一缺口，需要加强对 AI+ 医疗健康理论技术的纵向复合型人才的培养，这些人才不仅要掌握人工智能技术，还要了解医疗健康领域的法律等知识。同时，也需要重视培养横向复合型人才，他们不仅要掌握人工智能技术，还要了解医疗健康领域的法律等知识。为了加强人才储备建设，可以采取鼓励引进高端人才的政策措施，并重视人工智能与医学的交叉融合。

三、交通运输领域

智能交通系统（ITS）是一种运用现代科技的交通系统，它将信息技术、计算机技术、数据通信技术、传感器技术、电子控制技术、自动控制理论、运筹学和人工智能等高科技与交通运输、服务控制和车辆制造相结合，以加强车辆、道路和使用者之间的联系，实现安全、高效、环保和节能的综合目标。近年来，随着信息技术的快速发展，智能交通系统得到了广泛应用，显著缓解了交通拥堵问题，有效降低了交通事故的发生率。据预测，国内智能交通市场的规模已达到2300亿元，特别是大型和特大型城市智能交通系统的发展尤为迅速[1]。

（一）我国智能交通系统发展模式分析

1.智能交通系统

1996年我国启动了重点项目"智能运输系统发展战略研究"的工作，引进国外智能交通系统及设施。截至2022年，我国中型、大型及特大型城市都已基本建立交通指挥中心，并开展驾驶员信息系统、城市交通管理等智能交通技术研究。现阶段，相关部门加大了对城市智能交通系统发展的扶持力度，并制定了相关的标准规程。未来还将大力发展先进的交通管理系统、先进的公共交通系统、实时动态交通信息系统等智能交通系统。

（1）智能交通管理系统

智能交通管理系统（ITMS）是智能交通系统在道路交通管理领域中的应用之一。智能交通管理系统通过对交通信息的采集、存储、传输、处理、分析和应用，实现了科学、有效和标准化的交通控制和管理。智能交通管理系统能够将交通管理从传统的静态方式向科学实时性的动态方式转变，解决交通供给与需求之间存在的矛盾。在《推进"互联网+"便捷交通促进智能交通发展的实施方案》的推动下，未来中国的智能交通将真正进入产业化发展阶段，同时能够围绕智能交通管理系统形成一条庞大的产业链[2]。

（2）智能公共交通系统

智能公共交通系统（IPTS）是城市交通系统中的关键组成部分。它利用系统工程技术，将现代通信、信息、网络、GPS、地理信息系统（GIS）等新技术集成应用于公共交通系统，构建信息化、现代化和智能化的信息管理系统和控制调度模式，以实现公共交通调度、运营和管理的现代化。作为智能交通系统的一

1 吴智勇.碳达峰碳中和目标下我国能源低碳转型思路初探[J].中国能源，2022，44（9）：51-56.
2 郑博，熊姗姗.新形势下国内智能交通市场分析研究[J].城市建设理论研究：电子版，2022（35）：161-163.

部分，智能公共交通系统是缓解城市交通拥堵、提高城市公共交通服务水平的重要途径。

发展智能公共交通系统需要加大力度，以提高公共交通的灵活性和服务质量，吸引更多人使用公共交通工具出行，提高城市车辆运行效率。这一系统的发展将对改善城市交通状况和提升居民出行体验起到积极作用。

（3）实时动态交通信息系统

实时动态交通信息系统（RTTIS）是智能交通系统的子系统之一，是一个新兴的、拥有巨大潜力的市场，该系统能即时采集、处理、发布交通信息，保证信息发布时间间隔不超过 10 s。同时，实时动态交通信息系统还能够比对、分析历史信息数据，以便交通管理人员和参与者能够实时了解和掌握交通状况的变化趋势，切实解决城市交通问题，为出行者提供实时指引，帮助人们更有效地规避交通拥堵。未来应大力扶持实时动态交通信息产业，加速公众出行交通信息服务市场的健康发展。

（4）交通控制系统

交通控制系统（TCS）也被称为交通信号控制或城市交通控制，是一种用于智能化管理城市交通信号灯的系统。该系统使用现代通信设备、信号装置、传感器和监控设备等实时检测道路交通车辆数量，从而对车流量大、车速快的主要道路进行信号灯调节，以减少拥堵情况，优化交通流量，提高通行效率。

2.智能交通系统典型案例分析

我国有多个标志性智能交通系统项目，例如北京的道路交通控制、公共交通指挥与调度、高速公路管理和紧急事件管理系统[1]，广州的智能交通指挥中心、交通信息共用主平台、物流信息平台和静态交通管理系统等。

（1）北京智能交通系统

北京市的交通系统枢纽较为复杂，控制难度大，其中 50% 以上的交通流量由七环路及数十条联络线组成。为应对这一挑战，北京市政府近年来大力投入资金用于智能交通系统的建设。早在 2001 年，北京就启动了"科技奥运行动计划"，并全面展开了关于智能交通系统规划和实施计划的研究工作。2004 年，北

---

1 姚颖超 . 创新驱动强引擎 [J]. 宁波通讯，2022（增刊 1）：36-37.

京市针对其国际化特大型城市混合交通的特点，正式启动了智能交通系统建设，以"一个中心、三个平台"为基本框架，涵盖了八大信息化基础应用保障系统和百余个子系统的智能交通管理系统[1]。

北京智能交通系统的发展分步进行。首先是发展交通管理系统，这包括收集城市快速路监控信息系统、车速信息系统等数据，提供交通地图、路面状况等信息，及时处理并向出行者和政府机构提供信息。其次是研发智能化公交调度指挥系统，通过电子工具将实时公共交通信息及时发送给出行者。最后是发展交通信息平台建设，即在综合交通管理系统与公共交通系统的基础上，制订紧急事件处理方案，提供紧急事件通告、车辆紧急调度、人员紧急疏散、交通诱导和伤员救护等服务。北京智能交通系统的建设将极大地提升北京市交通管理的水平，改善城市交通状况，为市民提供更便捷、安全的出行环境。

（2）广州智能交通系统

近年来，广州市在城市信息化、数字化建设方面取得了显著进展，其中智能交通建设成为城市建设的重要组成部分。自 2006 年起，广州就开始使用智能交通管理指挥中心，该中心的智能交通系统基本框架是"一个中心、两个平台、两套网络"，涵盖了 15 个子系统[2]。主要任务包括建设与完善交通基础信息数据库，开发交通基础信息采集系统和智能交通系统共用信息平台，建设交通诱导、车辆调度和管理、公共交通优先服务、停车诱导以及电子售票系统。

广州市着重完善智能交通系统公用信息平台，建立珠三角物流信息平台和交通政务平台，推动交通信息化建设不断发展。广州采用分级权限管理制度，以支队指挥中心为智能交通系统发展主体，以大队分控中心为用户，前者主要负责交通宏观管理、重大事故跨区协调与管理，后者负责道路交通组织与管理。在建设智能交通信息系统过程中，广州政府和企业协同发展，按照"项目试点—完善提高—应用推广"的发展思路，以优先发展项目为突破口，逐步推动广州市交通信息化建设。这些举措将有助于提升广州市交通管理水平，改善交通运输效率，为市民提供更加便捷、高效的出行服务。

1　黄秋阳.基于多源数据的城市路网状态监测与交通事故风险评估方法研究 [D]. 长春：吉林大学，2021.
2　孙文迁.城市区域空间演化过程与机制研究 [D]. 北京：首都经济贸易大学，2021.

3.智能交通系统发展特点

（1）政府为主企业为辅共同发展

国内城市智能交通系统的建设大部分都是由政府部门牵头主导，企业作为系统建设主体推动发展的，负责单位分别为交通运输部门、交通管理部门与有关企业。前两类部门掌握决策权与大量交通行业数据资源，主要负责推动智能交通系统的发展、组织相关部门配合、规划未来发展方向、提供资金支持，在系统的建设中发挥着举足轻重的作用。企业作为建设主体，在政府的引导与支持下把握智能交通系统建设全局与发展动态，是系统建设成败以及能否健康发展的关键因素。

（2）发展综合交通信息平台为大势所趋

近年来，人工智能、大数据、物联网等科技革命的浪潮推动了新技术的快速发展和应用，为综合交通信息平台的建设提供了技术支撑和创新动力。随着城市化进程的加速，城市交通规模不断扩大，人们对交通信息服务的需求也日益增加。建设综合交通信息平台可以更好地满足用户需求，同时提高驾驶人和交通警察的实时信息掌握能力，从而提高城市交通运行效率和安全性，促进城市交通的可持续发展。

（3）智能交通系统发展缺乏适宜运营模式

国内城市智能交通系统的发展缺乏适宜的运营模式。目前，主要是通过委托承建单位或者通过招标方式确定运行维护机构来运营智能交通系统，资金主要依靠政府支持，运营人员则通过社会招聘或者招标方式选取。然而，目前并没有相关政策为企业运营智能交通系统所产生的信息资源提供市场化服务，企业也无法获取这些信息资源以开发适宜的运营模式。智能交通系统涉及多个庞大的分支系统，包括出行者信息系统、交通管理系统、公共运输系统、车辆控制和安全系统、不停车收费系统、应急管理系统以及商用车辆运营系统等。这导致在实际应用中，智能交通系统容易出现资源利用率低、应用效果不如预期等问题，难以发挥相应的经济效益，进而难以实现商业化运营。

（4）系统服务的覆盖范围存在局限性

目前，智能交通系统主要集中在一些中部大城市和东部沿海发达地区，而一些中小城市和欠发达地区的智能交通系统并不完善。这一局限性的存在主要是由于地区经济发展水平的差异、技术发展不平衡、资金投入的不足以及行政体制不完善等原因所致。要实现交通信息服务的全覆盖，需要更多城市和原始交通数据源的参与，然而这将耗费大量的时间、人力、物力和财力。此外，相关部门对原始交通数据信息的掌握还不够全面，这也使得系统服务的覆盖范围存在一定的局限性。与此同时，相关算法模型的工作量也将随之增加。我国智能交通系统建设事业正在高速发展，但目前仍处于初级阶段，与大规模产品工程化应用阶段还存在一定距离。

（二）关于我国加强城市智能交通系统发展的举措

1. 开发适合我国国情的智能交通系统

目前，我国已初步建立了智能交通基础设施，包括道路交通视频监控、车联网、交通信号控制系统、公共交通调度指挥、交通信息和物流信息公用平台等。然而，要进一步开发适合我国国情的智能交通系统，仍需要制定符合实际情况的智能交通体系框架，这是智能交通发展的重要保证。

首先，在国内范围内，可以通过多角度总结智慧交通技术的先进经验，从成功案例中总结智能交通体系的顶层建设与分级建设的方法，并将这些经验推广至国内其他省份，帮助建设具有地区特色的智能交通系统。其次，应紧密关注国际前沿技术的发展趋势，学习并引进较为成熟的智慧交通技术，以丰富和扩充我国目前的交通体系。最后，在城市层面上，应根据城市的特点制订有针对性的智能交通建设方案，建设以优化出行体验和提升出行便利度为目标的综合交通运输体系，提高出行服务质量，促进城市交通运输的可持续发展。

这种智能交通体系应包括但不限于以下三个方面：一是建设智能交通基础设施，包括智能交通监控系统、智能信号控制系统、智能停车系统等，提高交通系统的智能化水平；二是推动智能交通管理模式创新，借助大数据、云计算等技术手段，优化交通管理流程，提高交通运输效率；三是加强交通信息共享与互联互通，建设统一的交通信息平台，实现交通信息的实时共享，提升出行体验；四是发展智能交通应用服务，包括智能导航、智能公交调度等，提升出行服务水平。

2.促进各部门之间信息共享和交流

在促进各部门之间信息共享和交流方面，加强关键技术的研发创新是至关重要的。为此，需要整合各方数据资源，建立互联互通的数据共享平台，以提高智能交通的产业发展水平和提高部门工作效率，打破部门之间的信息壁垒。

智能交通已经与物联网、云计算、大数据等技术深度融合，这为我国智能交通领域的发展提供了广阔的空间。为了加快智能交通技术的发展，我国需要提高自主创新能力，推动具有自主知识产权的技术产品的研发和应用。这可以通过采取激励措施、加大技术应用环境的投入、重视科研人才培养等方式来实现，以促进各部门之间信息共享和交流。

另外，要加强智能交通与其他领域的融合创新，例如与工业互联网、智能制造等领域的融合，以推动智能交通技术的广泛应用和产业发展。同时，还要加强智能交通领域的标准化工作，建立完善的标准体系，推动智能交通产业的规范化发展。

总的来说，通过加强各部门之间的信息共享和交流，推动关键技术的研发创新，整合各方数据资源，建立互联互通的数据共享平台，可以促进智能交通的产业发展和提高部门工作效率，打破部门之间的信息壁垒，推动智能交通技术的广泛应用和产业发展。

3.加强智能交通系统的数据管理和分析

第一，需要加快数据中心的投资和建设，以便收集和存储大量的交通数据。这些数据可以包括交通流量、路况、车辆信息等。利用大数据技术、云计算和人工智能技术对这些数据进行处理，如交通流量预测、路况分析等，可以帮助交通管理部门更好地制定交通管理策略。

第二，建立标准数据库非常重要。这样可以方便数据的横向对比和预测，得出道路交通的改善策略。同时，标准数据库的建立也有助于增强数据的一致性和可靠性。随着智能交通的快速发展，数据库的地位越来越重要。

为了保障数据的安全和隐私，应加快设立相应的数据保护政策和程序。这些政策和程序可以确保交通数据的安全存储和传输，防止数据泄露和滥用。

第三，建立智能交通模型也是非常必要的。通过对数据的分析和建模，可以快速预测和模拟交通中下一步发生的现实状况。这有助于交通管理部门更好地了解城市交通的状况和问题，优化交通规划和设计，提高城市交通的效率和安全性。

4.企业、机构共同推动智能交通发展

企业和机构在推动智能交通发展中发挥着关键作用。它们可以通过参与通信标准的制定和实施，共同推动智能交通技术的发展和应用。

第一，企业可以提供技术方案和应用场景，为标准制定提供实践基础。例如，车辆间通信（V2V）、车路协同系统（V2X）、车辆到行人的通信（V2P）等技术的标准制定需要充分考虑到不同设备和系统在数据交换时的稳定性和效率，而企业可以提供相关的技术方案和实践经验，为标准的制定和实施提供支持。

第二，机构可以提供标准制定和评估的技术支持和服务，为标准的制定提供专业的技术指导。例如，国家交通运输部门可以组织相关专家和企业共同制定智能交通的标准，并对标准进行评估和监督，以确保智能交通技术的安全性和可靠性。

第三，企业和机构可以联合组建智能交通产业联盟，共同探讨行业趋势和前沿，共同制定行业标准和推动产业创新。通过联盟的平台，企业和机构可以共享信息和资源，加强合作，推动智能交通产业的健康发展。例如，中国智能交通协会就是一个由智能交通行业企业和知名机构组成的联盟，致力于推动智能交通技术的发展和应用。

第四，开展智能交通人才培养工作也是非常重要的。企业和机构可以共同合作，开展相关培训和教育项目，培养智能交通专业的高素质人才，为智能交通技术的发展和应用提供人才支持。

第五，企业和机构可以共同开展科技研发工作，共同攻克技术难题，推动智能交通技术的创新和应用。例如，企业可以与科研院所合作，开展智能交通领域的科研项目，共同探索新兴技术的应用，推动智能交通行业的发展。

第三节　智能系统在各行业的应用与发展趋势

一、智能化、自动化

　　智能化和自动化是当今社会发展的重要趋势，随着人工智能、大数据、物联网等技术的快速发展，智能系统在各个领域的应用将变得越来越广泛。在制造业中，智能制造将通过智能化生产计划、生产调度和生产过程控制，实现生产效率和产品质量的显著提高。在医疗健康领域，智能医疗将实现个性化诊疗方案、远程医疗服务等，提高医疗服务的水平和效率。在交通运输领域，智能交通将实现智能交通管理、智能交通流量控制等，提高交通运输的安全性和效率。

　　随着智能化和自动化技术的不断发展，人们对智能系统的需求也在不断增加。在智能制造领域，智能制造系统将实现对生产过程的实时监控和调整，以及对设备状态的智能分析和预测，从而提高生产效率和降低生产成本。在智能医疗领域，智能医疗系统将实现对患者健康数据的实时监测和分析，为医生提供个性化诊疗方案，从而提高医疗服务的质量和效率。在智能交通领域，智能交通系统将实现对交通流量的实时监控和调整，提高交通运输的安全性和效率。

二、跨行业融合

　　跨行业融合是智能系统发展的重要趋势，不同行业之间的融合将推动各领域向着更智能化、高效化的方向发展。以智能制造为例，它与互联网技术的融合将推动制造业向着数字化、网络化的方向发展，实现智能工厂的建设，从而提高生产效率和产品质量。智能制造的发展离不开先进的信息技术支持，包括物联网、云计算、大数据等，这些技术的融合应用将使制造业更加灵活、智能化。

　　另一个例子是智能医疗与生物技术的融合。随着生物技术的发展，医疗领域也在向个性化、精准化方向发展。智能医疗系统通过收集患者的健康数据，结合生物技术的分析和诊断手段，可以为患者提供更加个性化的诊疗方案，提高医疗诊疗水平。同时，智能医疗系统的发展也需要跨学科的融合，包括医学、生物学、信息技术等领域的交叉融合，从而更好地应用于临床实践中，造福于广大患者。

此外，智能交通与城市规划的融合也是智能系统跨行业融合的重要表现。随着城市化进程的加快，城市交通问题日益突出，如何实现城市交通的智能化、绿色化成为了摆在各国面前的重要课题。智能交通系统通过实时监测和控制交通流量，优化交通信号控制，提高交通运输效率，减少能源消耗和环境污染。与此同时，智能交通系统也需要与城市规划部门进行密切合作，根据城市发展的需要调整交通网络，提高城市交通的整体效率和便捷性。

三、推动经济社会发展

跨行业融合是智能系统发展的重要趋势，不同行业之间的融合将推动各领域向着更智能化、高效化的方向发展。以智能制造为例，它与互联网技术的融合将推动制造业向着数字化、网络化的方向发展，实现智能工厂的建设，从而提高生产效率和产品质量。智能制造的发展离不开先进的信息技术支持，包括物联网、云计算、大数据等，这些技术的融合应用将使制造业更加灵活、智能化。

另一个例子是智能医疗与生物技术的融合。随着生物技术的发展，医疗领域也在向个性化、精准化方向发展。智能医疗系统通过收集患者的健康数据，结合生物技术的分析和诊断手段，可以为患者提供更加个性化的诊疗方案，提高医疗诊疗水平。同时，智能医疗系统的发展也需要跨学科的融合，包括医学、生物学、信息技术等领域的交叉融合，从而更好地应用于临床实践中，造福于广大患者。

此外，智能交通与城市规划的融合也是智能系统跨行业融合的重要表现。随着城市化进程的加快，城市交通问题日益突出，如何实现城市交通的智能化、绿色化成为了摆在各国面前的重要课题。智能交通系统通过实时监测和控制交通流量，优化交通信号控制，提高交通运输效率，减少能源消耗和环境污染。与此同时，智能交通系统也需要与城市规划部门进行密切合作，根据城市发展的需要调整交通网络，提高城市交通的整体效率和便捷性。

参考文献

[1] 冯泽虎. 智能电子技术的应用现状及发展趋势 [J]. 南方农机, 2019, 50(21):31.

[2] 陈皓颖. 智能终端设计中应用电子技术发展现状研究 [J]. 中国战略新兴产业, 2018(04):40.

[3] 石伟伟. 智能终端设计中应用电子技术发展现状研究 [J]. 电子世界, 2017(03):83-84.

[4] 白月飞, 孙凤茹. 现代汽车电子技术的应用现状及发展趋势 [J]. 科技创新与应用, 2016(33):114.

[5] 芈苏伯, 贾琦. 基于嵌入式花样缝纫机控制系统的拼布设计研究 [J]. 纺织科技进展, 2023(8):11-14, 33.

[6] 楚兵. 工业嵌入式控制系统可信计算技术应用研究 [J]. 自动化博览, 2023, 40(1):27-31.

[7] 游达章, 李芮秉, 张业鹏, 等. 自动缝纫机嵌入式控制系统设计 [J]. 现代电子技术, 2018, 41(21):124-127.

[8] 黄海军, 乔成. 智能家居发展趋势及其解决方案 [J]. 日用电器, 2015, 58(9):65-68.

[9] 胡宝玲, 王彦贞, 陈淑春. 物联网技术在智能家居系统中的应用 [J]. 集成电路应用, 2022, 39(6):160-161.

[10] 韩济泽, 张永林. 物联网 USN 体系与混合式架构应用 [J]. 电子设计工程, 2021, 29(12):128-132.

[11] 张益嘉. 信息时代室内设计与智能家居结合的实践与研究 [J]. 居舍, 2022, 42(23):12-15.

[12] 刘金雯. 无线通信技术在智能家居中的应用研究 [J]. 数字通信世界, 2022,

18(7):103-105.

[13] 程德昊,何元清,蔡春昊.基于阿里云物联网平台的数据可视化[J].电脑知识与技术,2020,16(22):50-51.

[14] 雷根,张弛,杨宏.我国物联网国际标准化发展历程与成效[J].信息技术与标准化,2023(05):16-20.

[15] 刘建宁.人工智能和物联网技术在交通中的应用分析[J].长江信息通信,2022,35(11):233-235.

[16] 王文辉,曾蕴锐,吴晓.基于物联网大数据的智能交通策略分析[J].电子技术,2023,52(06):96-97.

[17] 史国剑.物联网技术在智慧交通中的应用分析[J].时代汽车,2022(21):193-195.

[18] 史殊姝,史经允.物联网技术在城市智能交通中的应用[J].中小企业管理与科技(上旬刊),2021(09):188-190.

[19] 季良玉.中国制造业智能化水平的测度及区域差异分析[J].统计与决策,2021,37(13):92-95.

[20] 赵文博.工业大数据在智能制造中的应用价值[J].造纸装备及材料,2021,50(1):122-124.

[21] 余博,潘爱民.我国智能制造装备产业国际竞争力及其提升机制研究[J].湘潭大学学报(哲学社会科学版),2021,45(4):74-79.

[22] 刘宁,杨芳.智能互联时代的工业设计创新发展研究[J].包装工程,2021,42(14):101-107.

[23] 张明超,孙新波,钱雨.数据赋能驱动智能制造企业C2M反向定制模式创新实现机理[J].管理学报,2021,18(8):1175-1186.